IDC认证（初级）
——集中交付方向

U0213441

仁知学院编委会 ◎ 著

华中科技大学出版社
http://www.hustp.com
中国·武汉

图书在版编目(CIP)数据

IDC 认证:初级.集中交付方向/仁知学院编委会著.—武汉:华中科技大学出版社,2019.8
(仁知学院系列丛书)
ISBN 978-7-5680-5555-0

Ⅰ.①I…　Ⅱ.①仁…　Ⅲ.①机房管理　Ⅳ.①TP308

中国版本图书馆 CIP 数据核字(2019)第 184618 号

IDC 认证(初级)——集中交付方向
IDC Renzheng (Chuji)—Jizhong Jiaofu Fangxiang

仁知学院编委会　著

策划编辑：康　序
责任编辑：郑小羽
封面设计：孢　子
责任监印：朱　玢
出版发行：华中科技大学出版社(中国·武汉)　　　电话：(027)81321913
　　　　　武汉市东湖新技术开发区华工科技园　　　邮编：430223
录　　排：武汉三月禾文化传播有限公司
印　　刷：武汉华工鑫宏印务有限公司
开　　本：787mm×1092mm　1/16
印　　张：8.75
字　　数：224 千字
版　　次：2019 年 8 月第 1 版第 1 次印刷
定　　价：38.00 元

朱大鹏　兴安职业技术学院

刘本发　湖北青年职业学院

潘登科　湖北青年职业学院

段　平　湖北城市建设职业技术学院

黄莎莉　湖北城市建设职业技术学院

王　燕　内蒙古大学

李乌云格日乐　内蒙古大学

（企业成员）

唐　凯　　国　良　　余　成　　曾　毅

邓范林　　张春桥　　梁　腾　　龚剑波

苑树宝　　吴　焕　　章亚杰　　王　焱

左可望　　冯建恒　　王　奇　　贾建方

陈　涛　　王　乐

仁知学院结合金石集团十多年的行业积累与资源沉淀,以及对 IDC(互联网数据中心)行业发展与需求的有效分析,特规划了 IDC 认证课程体系。IDC 认证课程体系,融合 IDC 行业技术与互联网技术,结合职业人的相关综合技能需求,对 IDC 行业与 IT 行业进行层次划分,将课程体系分为初级、中级、高级与专家级四个级别,旨在培养 IDC 复合型人才、规范 IDC 行业技术标准、促进 IDC 行业发展。

IDC 认证课程体系分为初级、中级、高级、专家级四个级别,分别对应着"IDC认证初级工程师""IDC 认证中级工程师""IDC 认证高级工程师""IDC 认证技术专家"证书。课程体系学习结束后,学员可通过仁知学院的考核系统进行考核,考核通过后即可获取相应级别的证书。仁知学院建立有人才资源管理系统,通过 IDC 认证的学员可进入仁知学院人才资源库。针对仁知学院人才资源库的成员,仁知学院将给予定期跟踪回访的福利,并为其提供永久性就业服务。

本书是 IDC 集中交付岗位入门的必备书籍,书中内容结合 BAT 等公司的大型数据中心的集中交付体系、流程和技术而成,是入职 IDC 集中交付岗位必须要掌握的知识。岗位要求工程师必须掌握综合布线、视频监控系统、设备交付、IDC现场规章制度和安全防范等相关板块的知识点,以满足岗位的基本操作需求。

本书每章内容都配有相对应的视频课程,读者可扫描每章章首的二维码进行在线视频学习。在学习过程中遇到任何问题或者学习完成之后想参加与本书配套的 IDC 初级认证考试,欢迎通过"仁知微学堂"微信公众号联系我们。感谢各位读者的支持,祝大家学习愉快!

编 者
2019 年 1 月

目录

CONTENTS

第一部分

系统集成

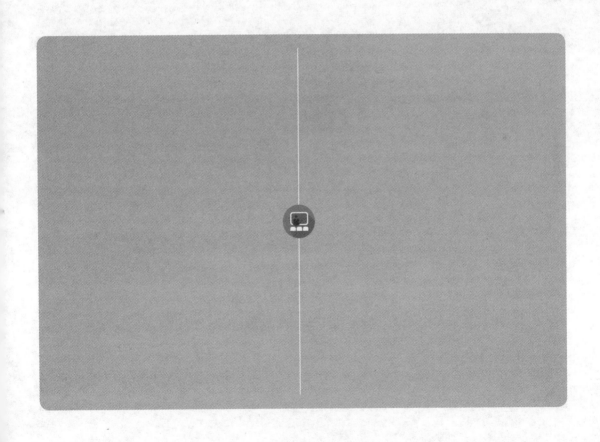

第 1 章 IDC 安全管理

学习本章内容，可以获取的知识：
- 机房安全教育及服务规范
- 机房信息安全
- 客户施工要求
- 综合布线项目中施工客户罚则

本章重点：
- △ 了解机房安全教育及服务规范
- △ 了解客户施工要求及罚则
- △ 掌握 IDC 信息安全要求

1.1 安全文明施工管理制度

1.1.1 安全教育内容

对施工人员进行国家安全生产和劳动保护方针、法令、法规制度的教育，使他们树立安全生产意识，增强安全生产的自觉性。安全教育内容包括项目施工过程中的不安全因素，公司有关施工安全的控制措施，危险物品管理、防火等方面的基础安全知识，如何正确使用和保管个人用品。

1.1.2 设备材料的保护措施

未经客户允许不得私自挪动、使用施工现场非我方的设备材料，做好现场设备材料的保护工作。

1.1.3 安全检查

项目管理专职人员经常会深入施工队伍和各作业点进行检查，严禁违章作业、违章指挥、野蛮施工和不文明施工行为；严禁酒后上岗及各类不文明行为在施工现场出现，对发现的不文明行为，将严格处理；要求工程分项完工后清理现场；规定到指定的区域吸烟。

1.2 客户要求概述

1.2.1 公司需要提供的清单

（1）系统集成资质要求为建设厅三级或三级以上、住建部三级或三级以上。

（2）需要提供在 IDC 综合布线施工方面总费用在 200 万（含材料费用）以上项目的合同复印件。

（3）FlukeDX1800/1200 或者客户认可的测试设备（含单/多模光纤测试模块、网线测试模块）、标签打印机、光纤熔接机，承接客户 40 GB 预连接施工项目服务商需要自行采购至少 1 套清洁工具以及预连接光缆测试工具，对于以上设备均需要安排人员进行设备操作演示。

（4）IDC 综合布线项目采用客户提供主材（网线、光纤、光缆等），施工服务商提供辅材（扎带、蛇皮套管、网线钳、斜口钳、临时/正式标签纸带以及标签打印机、电脑等终端智能设备）的施工模式。

1.2.2 IDC 机房施工的注意事项

（1）需要提供至少 1 位项目经理的资质证明。

（2）施工服务商在项目实施前需要提供完整的施工人员名单、项目经理身份证、联系信息给客户项目负责人，以完成进出 IDC 手续办理。

（3）如果因服务商未完成耗材质量确认而导致后续发生纠纷，所有产生费用均由服务商承担。并且，如果由于纠纷而导致客户项目无法按期完成，对业务造成影响，所有损失由服务商承担。

（4）服务商施工完成后，需要清理施工现场，整理剩余耗材并交接归还客户库房，办理材料交接手续。

（5）服务商施工完成后，需要先自行检查所有实施项目，告知客户完成竣工验收，验收时需要提供客户认可的纸质报告和电子报告，纸质报告在客户项目负责人与现场人员签字后方才有效。

（6）施工方案包括相关部署文档、资料，施工方必须无条件进行保密，如发现由于施工方原因而导致相关施工资料泄露，客户保留依法追究、索偿的权利。

（7）每日打扫卫生，保持机房清洁。机房内禁止饮食、吸烟等影响公司形象的行为。

1.2.3 售前、售后服务

（1）施工服务商在获取了客户的施工需求后，需要协助客户项目负责人绘制机房施工图纸、制定施工方案、确定施工周期、完成现场工程勘察工作，并提供完整的工程勘察耗材清单、施工报价给客户，以便客户进行采购。施工报价一经确认，不允许施工方后期以任何借口对相关费用进行修改，由于客户业务调整导致工程量变更而新产生的费用，需要客户负责人进行邮件确认，并通过联系单模式进行增减。

（2）施工服务商完成机房综合布线后，需要提供至少 3 年的售后服务支持。

（3）客户 IDC 综合布线采用客户提供主材（网线、光纤、光缆等）、施工服务商提供辅材

（扎带、蛇皮套管、网线钳、斜口钳、临时/正式标签纸带、标签打印机以及电脑等终端智能设备）的施工模式。

1.2.4　施工工艺要求

（1）施工时必须做到：水平光缆横平竖直（见图 1-1）；标签内容准确、清晰；光缆余长可盘绕在机柜顶部或者核心网络区域机架内部。

（2）本排机架施工生产、带外网线，直接在机柜顶部连接隔壁机架网络设备或者服务器，网线不上弱电桥架。

（3）跨排机架施工生产、带外网线，相关线路必须上弱电桥架后再连接相关机架网络设备或服务器。

（4）网线余长以圆形盘圈方式盘放在机架顶部或机柜壁上。

图 1-1

1.3　罚则

（1）因工勘遗漏、工勘不准确、擅自修改工勘模板导致项目延期，每发生一次，工勘人员记过一次，记过三次者不能再从事客户工勘工作。

（2）模块建设、零星工程的所有施工人员均采用白名单制，白名单以施工资质要求施工商提供的人员名单为基础，由施工商每季度更新一次，不在白名单内的施工人员严禁进入机房；由于施工人员自身过失、处置不当导致客户的业务、名誉、设施受损的，直接从白名单当中剔除相关人员，客户保留依法追究个人、施工商责任的权利，并记为重大安全事故。

（3）施工商在进行客户的数据中心模块建设、零星工程等施工过程中，严禁将客户施工项目外包给第三方施工商，一旦发现施工商存在上述转包行为，客户将直接解除与施工商的施工合同，所有损失由施工商自行承担。

（4）客户数据中心建设耗材到达实施现场后，施工商在施工前需要完成项目耗材数量确认工作，确保相关材料的质量满足施工需求。对已领用的材料，施工商有妥善保管责任。如果由于施工商保管不当，造成客户弱电材料丢失、损坏，产生的所有费用均由施工商自行承担。

（5）因施工商未完成耗材质量确认而导致后续发生纠纷,所有产生费用均由施工商承担。如果产生的纠纷导致客户项目无法按期完成,对业务造成影响,损失由施工商承担。

（6）施工完成后,根据施工故障率对施工商进行处罚:1%＜总故障率＜2%,扣除施工合同规定总费用的10%;2%＜总故障率＜3%,扣除施工合同规定总费用的20%(注:总故障率是指服务商完成施工后,未进行测试、点亮、标签核对等操作直接将线缆接到客户的设备或者根据未经核实确认的端口连接表错误接入线缆等操作引发的设备无法正常通信的情况。设备本身故障原因不属于弱电施工总故障率范畴)。

（7）施工过程中如果施工商发现由于客户的现场环境而存在或者可能存在危害客户网络的施工,需要立即停止施工,通知客户项目负责人进行风险排除,在风险未排除前由于施工商进行施工而造成客户的设备发生故障,则直接扣除20%施工款,并根据故障等级对施工商发起警告或者解除合作关系。

（8）若在生产区域作业时未设置明显施工标识,则如果在生产区域操作失误引发了设备故障,直接扣除20%工程款,操作人员从白名单中剔除。

（9）若发生安全事故对施工商降一级处理,对发生事故特别严重者客户有权解除合同。

（10）若在项目实施过程中存在弄虚作假行为,客户有权解除合同,终止付款,并追究相应责任。

（11）按照年度考核得分排名,客户有权适当减少下一财年合作份额。

（12）对于单个项目考核得分低于6分或降级处理的施工商,需要立即整改。

（13）对于一年内因自身原因发生三次故障或一次重大安全事故的施工商,客户有减少合作份额或者解除合同的权利。

1.4　服务规范

1.4.1　服务原则

1.客户至上

以客户为本,从客户的感受和利益出发,为客户提供高品质的服务。在任何情况下,工作人员都不得与客户发生争执或冲突。

2.首问负责

对于客户反映的问题,第一受理人对此负责,承担联系、协调工作,并将处理进度及时反馈给客户。第一受理人不得以任何理由,将问题推给他人。

3.诚实守信

所谓诚实,就是指不弄虚作假、不隐瞒欺骗、不自欺欺人,做到表里如一。所谓守信,就是指言而有信、诚实不欺,做到一诺千金。

1.4.2　服务礼仪

施工人员的个人形象是公司给客户留下的第一印象。整洁美观的容貌、朴素大方的着装、稳重适宜的言谈举止,既表现了施工人员个人良好的精神风貌,又代表了整个公司员工的风貌,直接影响和决定着客户接受服务的情绪。在工作中应该注意以下几点。

(1) 检查胸卡:佩戴公司统一发放的胸卡,有照片的一面朝外。

(2) 整理衣物:检查衣领是否挺直、衣袖是否平展、衣扣是否扣齐、鞋面是否干净等。

(3) 整理头发:保持头发整齐清洁,不允许头发染黄色、红色等特别个性的另类颜色。

(4) 整理仪容:注意自己的脸部是否干净;经常洗手、勤于修剪指甲,保持清洁。

(5) 整理物品:工具箱(包)外层应干净,工具箱(包)内物品摆放整齐、便于拿放。

(6) 振作精神:工作期间,要精神饱满、朝气蓬勃,同时要尽量避免把不良情绪带到服务岗位上去。

1.4.3 服务用语和服务禁语

1.4.3.1 常用语言

常用语言如表 1-1 所示。

表 1-1

请	对不起	麻烦您	劳驾	打扰了
好的	是	清楚	您	某先生或小姐
某经理或主任	贵公司	非常感谢	再见	您好
欢迎	请问	哪一位	请稍等	抱歉
没关系	不客气	见到您很高兴	请指教	有劳您了
请多关照	拜托	劳烦您	见谅	……

1.4.3.2 服务禁语

(1) 对于非职权范围内但能解决的问题,决不能说:"我们不管"。

(2) 对于非服务范围内出现的问题,决不能说:"跟我们没关系"。

(3) 对于自己业务能力不能解决的问题,决不能说:"没办法解决"。

(4) 自己无法确定用户咨询的问题时,决不能说:"不清楚""不知道"。

1.4.3.3 服务十忌

(1) 不准与客户争吵或有侮辱、贬低客户的言行。

(2) 不准挂断客户的电话。

(3) 不准以工作忙、人员少等理由推诿客户。

(4) 不准推卸责任、怂恿客户投诉。

(5) 不准强迫客户对服务结果表示满意。

(6) 不准擅自收费或抬高收费价格。

(7) 不准在服务过程中弄虚作假、隐瞒公司服务政策。

(8) 不准打听客户隐私,不准负面评论客户处的人员和环境。

(9) 不准在客户处吸烟、饮食或向客户索要物品。

(10) 不准接受客户馈赠,需婉言谢绝。

1.4.4 常用礼仪介绍

1. 握手

握手时,伸手的先后顺序是上级在先、主人在先、长者在先、女性在先,握手时间一般为2~3秒,握手力度不宜过大或毫无力度,要注视对方并面带微笑。

2. 站姿

正确的站姿:抬头、目视前方、挺胸直腰、肩平、双臂自然下垂、收腹、双腿并拢且直立、两脚尖分开成 V 字形、身体重心落到两脚中间(也可两脚分开,略比肩窄)、双手合起放在腹前或腹后。

3. 坐姿

动作要轻,至少要坐满椅子的 2/3,后背轻靠椅背,双膝自然并拢(男性可略分开)。身体稍向前倾,以表示尊重和谦虚。

1.4.5 电话服务规范

(1)电话响铃三声内须接听并使用规范用语:"您好! 金石易服为您服务";往出打电话时应主动介绍自己:"您好,这里是金石易服×××"。

(2)在电话中要使用文明用语,必要用语有:您好;请问您贵姓;很抱歉,给您添麻烦了;我们一定尽力给您解决;如果您再遇到什么问题欢迎拨打我们的服务电话;再见;等等。

(3)对电话中提出的问题,若当场无法解答或相关人员不在须做好相应的电话记录,要清楚记录客户姓名、客户电话、客户的疑问及自己承诺回复时间等信息,并复述给客户再次确认记录信息。电话结束后,及时寻找问题答案或将信息转移给相关人员,尽快给客户回电话帮助其解决问题。

(4)结束电话时须注意等客户挂断后自己再挂断。

(5)如果在电话中向客户有所承诺,那么就一定要兑现承诺,以达到客户满意的目的。

1.4.6 IDC 施工规范

1.4.6.1 IDC 管理规定

(1)严禁施工方人员在未经机房管理员授权的情况下,采用不当手段进入机房施工。施工期间,施工人员应携带合法证件,配合运营商、机房人员的检查、管理。

(2)严禁携带食物、水、打火机、香烟等一切有碍机房环境及安全的物品进入机房。

(3)严禁穿着非工作服装进入机房施工,所有进入机房的施工人员必须穿着有长袖和公司标志的工作服(特殊情况下需要佩戴安全头盔)进入施工现场施工。

(4)严禁在机房内进行睡觉、玩游戏、喧哗、打闹等与施工无关的行为。

(5)严禁在机房内进行拍照、录像等有碍机房信息安全的行为。

(6)严禁在未经机房管理员批准的情况下,随意搬动、安装、拆卸、转移机房内的任何设备及器材设施。

(7)严禁涂改标识与标牌等行为。

(8)严禁在未经机房管理员批准的情况下,在正常运行设备上进行操作。

(9)严禁在未经项目负责人批准的情况下,随意改动施工规划和施工方案。

（10）严禁在施工工程中对机房设备进行踩踏、施加外力等行为。

（11）严禁在未经机房管理员批准的情况下，乱接电源线。

（12）严禁在机房中使用高温、炽热、产生火花的用电设备。

（13）严禁使用功率超过核定瓦数的用电设备。

（14）严禁在桥架及机架顶上施工时随身携带金属物品及随意踩踏原有线缆、卡博菲桥架和钢线槽道等。

（15）严禁在未经机房管理员批准的情况下，随意打开电源柜查看及操作任何电源开关。

（16）严禁在非火灾情况下，随意动用消防相关设备。

（17）严禁在施工过程中长时间敞开机房门及冷风通道屏蔽门。

（18）严禁在未经机房管理员批准的情况下，将机房设备和材料带出机房。

1.4.6.2　施工注意事项

（1）严禁擅自更改工勘模板，影响审核效率。

（2）严禁采用单路由制作工勘，须仔细核对机柜布局和机柜走线孔尺寸、位置，须仔细核对桥架、孔洞是否与图纸一致。

（3）严禁在测试过程中弄虚作假，须保质保量完成各项测试，责任到人。

（4）对于工勘中光缆超过 100 米，非成品网线超过 90 米的情况，要重点向项目负责人说明；根据包间情况核算各包间带外设备数量，完善网络设备上架表。

（5）遵守机房各种管理制度，听从驻场人员的统一指挥。

（6）文明施工，注意作业清扫和卫生保洁，每天施工完毕后进行作业清扫。施工过程中严禁随意丢弃各种垃圾。随身携带纸箱或清洁袋，即时清理垃圾。

（7）提高自我防护意识和技术素质，遵守职业规范，做到"不伤害自己，不伤害他人，不被他人伤害"。

（8）机房施工时间安排应与驻场人员充分沟通协商，特殊项目需要加班支持或者时间安排不满足施工需求时，工作时间由客户负责人与机房经理、施工方协商确定。

（9）待安装设备、相关施工工具在机房外拆除包装后方可进入机房，施工所需材料必须在机房指定区域存放。

（10）施工单位在开工前，按时对施工资料进行核对，协助项目负责人制订切实可行的施工计划。

（11）施工单位在施工过程中，只能在与施工工作相关的机房范围内进行操作，在未经允许的情况下不得进入与施工无关的区域。施工单位对其施工人员的安全生产负责，并做好现场监督。

（12）清楚、准确标识施工区域，避免人为故障。

（13）施工单位在施工前应布置防护设施，在施工过程中不得擅自动用机房设施；如因施工单位管理不善，造成机房设施损失、财产损失及其他一切损失，施工单位必须承担责任并负责赔偿。

（14）对于关键操作（如核心设备端口连接），施工人员应在驻场人员陪同下并获得客户授权后严格按照专业规范进行。

（15）施工过程中应做好静电防护工作。若未做静电防护，禁止直接接触机房内任何网络和服务器设备。

（16）施工过程中，需要做好冷通道、热通道保护，通风地板需要做铺设保护。通风地板下部空间在施工结束后需要进行清理。

（17）对光缆、光纤的防尘帽进行回收，将其装入袋中交由驻场人员保存。

（18）施工结束后，施工单位需要对客户机房管理员进行申报，现场验收合格后，视为施工完毕。对于验收不合格的，需立即整改。

（19）施工单位应按时保质保量发送日报。对于现场问题能够主动跟进，对于要反馈的结果能够及时给予反馈。

（20）施工前，复核线材是否齐备，检验线材是否符合施工需求，避免施工中途发生缺少线材的事情。

（21）线材领用次数适当合理，原则上每天不超过两次。妥善保管线材，遵守库房进出库制度，配合现场资产管理人员做到项目使用线材量与库存线材量账实相符，项目使用线材量清晰、准确。

1.5   IDC 信息安全

1.5.1   信息安全概述

1.5.1.1   信息安全的含义

信息就是有意义的内容。在数据中心，信息具体指的是所有与 IDC 现场运维相关的一切数据、流程、财务、人事管理等内容，包括但不限于：客户资产信息、人事信息、流程规范、IDC 动力环境信息、技术规范、操作手册。

信息安全涉及信息的保密性（confidentiality）、完整性（integrity）、可用性（availability），如图 1-2 所示。综合起来说，信息安全就是指保障电子信息的有效性。

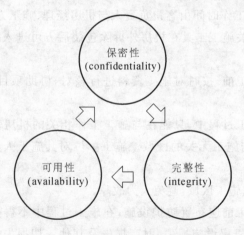

图 1-2

保密性就是进行对抗对手的被动攻击，保证信息不泄漏给未经授权的人。完整性就是进行对抗对手的主动攻击，防止信息被未经授权的人篡改。可用性就是保证信息及信息系统确实为授权使用者所用。

1.5.1.2　信息安全事件

2014 年 3 月 26 日,携程"安全门"事件敲响网络消费的安全警钟。携程网被指出安全支付日志存在漏洞,导致大量用户的银行卡信息泄露。携程第一时间进行技术排查和修复,并表示如果用户因此产生损失,携程将进行赔偿。在获利的同时,电商开始思考如何对用户信息进行保护。

2014 年 5 月,山寨网银及山寨微信窃取大量网民信息。山寨网银客户端和山寨微信客户端,利用正常网银客户端和微信客户端的图标、界面,在手机软件中内嵌钓鱼网站,恶意引导网民提交银行卡号、身份证号、银行卡有效期等关键信息。同时,部分手机病毒可拦截用户手机短信,手机中毒用户面临网银资金被盗的风险。

2014 年 8 月 12 日,1400 万条快递数据遭贩卖,警方破获了一起信息泄露案件。犯罪嫌疑人通过快递公司官网的漏洞登录网站后台,然后通过上传(后门)工具获得该网站数据库的访问权限,仅用 20 秒就获取了 1400 万条用户信息。每条用户信息除了有快递编码外,还详细记录了收货和发货双方的姓名、电话号码、住址等。

2014 年 10 月 2 日,摩根大通银行承认 7600 万户家庭和 700 万家小企业的相关信息被泄露,身在南欧的黑客取得摩根大通银行数十个服务器的登入权限,偷走了银行客户的姓名、住址、电话号码和电子邮件地址等个人信息,与这些客户相关的内部银行信息也遭到泄露。四分之一美国人受到了影响。

2015 年 1 月 18 日,摩根士丹利 35 万多个客户的信息遭到泄露。这次泄露事件并非黑客蓄意为之,也不是复杂策略邮件攻击的结果,而是一名该公司员工从 35 万多个客户账户中偷取数据的结果。2014 年该公司在网络安全上的投入高达 711 亿美元,而此次泄露事件对该公司可谓当头一棒。专家警示:内部员工的安全威胁不亚于黑客,无论他们的行为是有意为之还是出于疏忽。

2015 年 4 月 22 日,从补天漏洞响应平台获得的数据显示,社保系统、户籍查询系统、疾控中心、医院等大量曝出网络高危漏洞,仅社保类信息安全漏洞就达到 5279.4 万条,涉及人员达数千万,包括个人身份证号码、社保参保信息、财务、薪酬、房屋等敏感信息。这些信息一旦泄露,不仅个人隐私全无,而且信息还会被犯罪分子利用,例如犯罪分子进行复制身份证、盗办信用卡、盗刷信用卡等一系列刑事犯罪和经济犯罪。

随着全社会对信息安全的日益关注,国家层面也开始有针对性地在与信息安全相关的软件和硬件领域进行更为严格的把关,将有可能涉及信息安全的威胁"拒之门外"。政府采购中心正式公布了杀毒软件类产品采购名单,之前一直在政府采购名单中的卡巴斯基和赛门铁克被排除在安全软件供应商之外。这一举措意味着我国政府开始正视信息安全长期依赖国外技术的现象,国产安全软件将迎来新的机遇。数据安全防护专家亿赛通开创了国产数据防泄漏新纪元,呼吁各行各业尽快做好数据安全建设,不要等泄露事件发生后再弥补。

1.5.1.3　信息安全原则

技术是信息安全的构筑材料,管理是信息安全的黏合剂与催化剂。

信息安全管理是信息安全中具有动能性的部分,是指导和控制组织的关于信息安全风险的相互协调活动。

信息安全三分靠技术、七分靠管理。

1. 总体原则

（1）主要领导负责原则。

（2）规范定级原则。

（3）以人为本原则。

（4）适度安全原则。

（5）全面防范、突出重点原则。

（6）系统化、动态化原则。

（7）控制社会影响原则。

2. 安全管理策略

（1）分权制衡。

（2）最小特权。

（3）选用成熟技术。

（4）普遍参与。

1.5.1.4　信息资产安全管理

（1）资产管理员负责识别管理的信息资产。

（2）资产管理员负责核实和维护部门系统信息资产的信息。

（3）信息资产属性发生变更时，资产管理员要及时更新信息资产记录。信息资产属性变更包括地理位置变动，信息资产的配置信息、补丁信息变动等。

（4）信息资产管理权限发生变更时，资产管理员要及时通知公司安全管理员，将信息资产状况及时更新到公司安全管理系统中。信息资产管理权限变更包括信息资产所属系统发生变更和信息资产所属部门发生变更。

（5）信息资产设备由所属系统的管理人员负责安全防护。

（6）部门信息安全工作组定期巡检本部门所属系统信息资产的安全状况。

（7）系统建设设备选型时应遵循公司入网规范，确保产品的可靠性。

1.5.1.5　网络信息安全管理

（1）各系统网络设备的当前运行配置文件应和备份配置文件保持一致。

（2）网络设备登录提示标识应适当屏蔽内部网络信息内容，并应有相关合法性警告信息。

（3）利用设备日志或外部认证设备维护设备的登录状况，内容应当包括访问登录时间、登录人员、成功登录和失败登录的时间和次数等。

（4）严格控制对网络设备的管理授权，按照最小权限原则对用户进行授权。

（5）各系统网络设备的密码设置应严格按照《账号、口令及权限管理办法》执行。

（6）严禁管理员透漏设备口令、SNMP 字符串、设备配置文件等信息给未授权人员。

（7）所有网络必须具有关于拓扑结构、所用设备、链路使用情况等信息的详细说明文档，并保证文档内容和当前网络拓扑结构、设备连接和链路信息保持一致。

（8）在重要区域采用冷备份与热备份相结合的方式，避免双重失效造成影响。

（9）重要系统在网络上传输机密性要求高的信息时，必须启用可靠的加密算法保证传输安全。

（10）由统一的 IP 地址管理机构、人员负责对 IP 地址进行规划、登记、维护和分配。确保部门有足够的地址容量并有一定的冗余供扩展使用,并及时关闭和回收被废止的地址。

(11) 未经公司信息安全组织批准,测试网络与公司内部网络不能直接连接。

(12) 未经公司信息安全组织批准,严禁员工私自设立拨号接入服务。

(13) 未经公司信息安全组织批准,严禁员工通过拨号方式对外部网络进行访问。

(14) 所有的远程访问必须具备身份鉴别和访问授权控制,至少应采用用户名/口令方式,通过 Internet 的远程接入访问必须通过 VPN 的连接,并启用 VPN 的加密与验证功能。

(15) 不同安全区域之间应采用防火墙、路由器访问控制列表等方式对边界进行保护。只开放必要的服务和端口,减少暴露在网络外部的风险。

(16) 根据业务变化及时检验和更新现有防火墙配置策略,满足新的安全需求。

(17) 利用逻辑或物理隔离方法对网络采取必要的隔离措施,以维护不同网络间信息的机密性,解决网络信息分区传输的安全问题。

(18) 网络中的各设备应开启日志记录功能,对网络使用情况进行记录。

1.5.2　帐号、权限、口令管理

1.5.2.1　帐号管理

(1) 系统管理员应当对系统帐号使用情况进行统一管理,并对每个帐号的使用者信息、帐号权限、使用期限进行记录。

(2) 应避免使用系统默认账号,系统管理员应当为每一个系统用户设置一个帐号,避免系统内部存在共享帐号。

(3) 各系统管理员应当对系统中存在的账号进行定期检查,确保系统中不存在无用或匿名账号。

(4) 部门信息安全组定期检查各系统帐号管理情况,检查内容应包含以下几个方面:

① 员工离职或帐号已经过期,但相应的帐号在系统中仍然存在。

② 用户是否被授予了与其工作职责不相符的系统访问权限。

③ 帐号使用情况是否和系统管理员备案的用户账号权限情况一致。

④ 是否存在非法账号或者长期未使用账号。

⑤ 是否存在弱口令账号。．

(5) 各系统应具有系统安全日志功能,以记录系统帐号的登录和访问时间、操作内容、IP 地址等信息。

(6) 在系统中创建账号、变更账号以及撤销账号,应得到部门经理的审批后才可实施。

1.5.2.2　口令管理

(1) 系统密码、口令的设置至少应该符合以下要求:

① 长度大于 8 位。

② 大小写字母、数字、特殊字符混合使用,例如 TmB1w2R!。

③ 不是任何语言的单词。

④ 不能使用缺省设置的密码。

(2) 密码至少应该保证每季度更换一次,包括:UNIX 和 Linux 系统 root 用户的密码、网络设备的 enable 密码、Windows 系统 Administrator 用户的密码,以及应用系统的管理用户密码。

（3）密码不能以明文的方式通过电子邮件或者其他网络传输方式进行传输。

（4）公司员工不能将密码告诉别人，如果系统的密码泄漏了，必须立即更改。

（5）系统管理员不能共享超级用户帐号，应采用组策略控制超级用户的访问。

（6）业务管理人员不能共享业务管理帐号，应当为每一位业务管理人员分配单独的帐号。

（7）所有系统集成商在施工期间设立的缺省密码在系统投入使用之前都要删除。

（8）要以加密形式保存密码。加密算法强度要高，加密算法要不可逆。

（9）密码在输入系统时，不能在显示屏上以明文显示出来。

（10）系统应该强制指定密码的策略，包括密码的最短有效期、最长有效期、最短长度、复杂性等。

（11）除了系统管理员外，普通用户不能改变其他用户的口令。

1.5.2.3　权限管理

（1）各系统应根据"最小权限"原则设定账户访问权限，控制用户仅能够访问工作需要的信息。

（2）从账号管理的角度出发，应进行基于角色的访问控制权限的设定，即对系统的访问控制权限以角色或组为单位进行授予。

（3）细分角色根据系统的特性和功能长期存在，基本不随人员和管理岗位的变更而变更。

（4）对一个用户根据实际情况可以分配多个角色。

（5）各系统应该设置审计用户的权限。审计用户应当具备比较完整的读权限，能够读取系统关键文件，能够检查系统设置、系统日志等信息。

1.5.3　办公电脑、个人数据安全

（1）所有办公终端的命名应符合公司计算机命名规范。

（2）所有办公终端应加入公司的域管理模式，正确使用公司的各项资源。

（3）所有办公终端应正确安装防病毒系统，确保及时更新病毒码。

（4）所有办公终端应及时安装系统补丁，且系统补丁应与公司发布的补丁保持一致。

（5）公司所有办公终端的密码不能为空，严格执行 IT 系统使用手册中的密码规定。

（6）所有办公终端不得私自装配并使用可读写光驱、磁带机、磁光盘机和 USB 硬盘等外置存储设备。

（7）所有办公终端不得私自转借给他人使用，防止信息的泄露和数据破坏。

（8）所有移动办公终端在外出办公时，不要使其处于无人看管状态。

（9）办公终端不得私自安装盗版软件、与工作无关的软件、扫描软件或黑客攻击工具。

（10）未经公司 IT 服务部门批准，员工不得在公司使用 modem 进行拨号上网。

（11）员工不允许向外面发送涉及公司机密的信息。

1.5.4　病毒防护管理

（1）所有业务系统服务器、生产终端和办公电脑都应当按照公司要求安装相应的病毒防护软件或采用相应的病毒防护手段。

（2）应当确保防病毒软件每天进行病毒库更新,设置防病毒软件定期（每周或每月）对全部硬盘进行病毒扫描。

（3）如果自己无法对病毒防护措施的有效性进行判断,应及时通知公司 IT 服务部门进行解决。

（4）防病毒系统应遵循公司病毒防护系统整体规划。

（5）如果发现个人办公终端感染病毒,首先应拔掉网线,降低可能对公司网络造成的影响,然后进行杀毒处理。

（6）各系统管理员在生产网络和业务网络发现病毒时,应立即进行处理。

计算机病毒主要传播途径分布如图 1-3 所示。

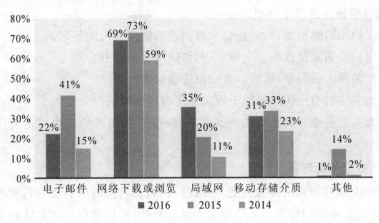

图 1-3

1.5.5 数据安全管理

1.5.5.1 数据存储安全

数据存储介质包括纸质文档、语音或录音、复写纸、输出报告、一次性打印机色带、软盘、硬盘、磁带、可以移动的磁盘或卡带、光存储介质（所有形式的媒介,包括制造商的软件发布媒介）。数据存储介质管理必须遵守以下规定：

（1）包含重要、敏感或关键数据的移动式存储介质（如物理方式锁闭）不得无人值守,以免被盗。

（2）删除可重复使用的存储媒介中不再需要的数据。

（3）删除可重复使用存储介质中的机密及绝密数据时,为了避免在可移动存储介质上遗留信息,应对该介质进行消磁或彻底格式化,或者使用专用工具在存储区域填入无用的信息来进行覆盖。

（4）任何数据存储媒介带入和带出公司都需经过授权,并保留相应记录,方便审计跟踪。

（5）对所有数据存储媒介都应遵照其制造商的规范保存。

1.5.5.2 数据传输安全

对数据进行传输时,应该在风险评估的基础上采用合理的加密技术。选择和应用加密技术时,应该考虑以下因素：

（1）必须符合国家有关加密技术的法律法规,包括使用限制和进出口限制。

（2）根据风险评估确定保护级别，并以此确定加密算法的类型、属性，以及所用密钥的长度。

（3）根据专家的建议，确定合适的保护级别，选择能够提供所需保护的合适的产品，该产品应能实现安全的密钥管理。另外，还应参考与加密技术相关的法律建议。

（4）机密信息和绝密信息在存储和传输时必须加密，加密方式有对称加密和不对称加密。对称加密的密钥长度至少 128 位，不对称加密的密钥长度至少 1024 位（RSA 算法）。当环境不允许加密（例如法律禁止等）时，专用通信线路必须采用有线系统。数据压缩技术（例如 WinZip 等）不得代替安全手段。

在机密数据和绝密数据的传输过程中必须使用数字签名，以确保信息的不可否认性。使用数字签名时应该注意以下事项：

（1）充分保护私钥的机密性，防止窃取者伪造密钥持有人的签名。

（2）采取保护公钥完整性的安全措施，例如使用公钥证书。

（3）确定签名算法的类型、属性以及所用密钥长度。

（4）用于数字签名的密钥应不同于用来加密内容的密钥。

（5）符合有关数字签名的法律法规。必要时，应在合同或协议中规定使用数字签名的相关事宜。

1.5.5.3　数据备份与恢复

数据资产的安全等级需要经常变更，一般地，由数据资产的所有者进行数据资产安全等级的变更，然后改变相应的分类并通知相关人员。另外，可以采用自动化降低安全等级的方式，安全等级按照年限自动递减。

对于数据资产的安全等级，需要每年进行评审。在实际情况允许时进行数据资产安全等级递减过程，这样可以降低数据防护的成本，并增加数据访问的方便性。

必须根据数据的等级制定备份策略。备份策略应包含系统和数据的名称、备份的频率和类型（全部备份、差异备份等），以及备份媒介类型、所用备份软件、异地存放周期、制定备份方案的决策原则等。备份操作应尽量在不影响业务的时间段里进行，并严格遵照备份策略。重要的业务数据至少要保留三个版本或三个备份周期的备份信息，备份信息应包含完整的备份记录、备份复制、恢复程序文档和清单。

为了尽快恢复故障，应在本地（主场所）保留备份信息，同时为了避免主场所发生灾难时产生破坏，还应做好异地备份。应为备份信息指定与主场所一致的物理和环境保护级别，主场所所采用的媒介控制措施应当涵盖备用场所。

应尽可能地定期检查和测试备份信息，保持其可用性和完整性，并确保其能够在规定时间内恢复系统。

1.5.5.4　密码安全

采取安全的密码策略是防止非法访问数据的重要手段。密码的设置应该遵循以下原则：

（1）将数字、大写字母、小写字母、标点符号混合。

（2）要有足够的长度，至少 8 位。

（3）要易于输入。

（4）不能选择亲戚、朋友、同事等的名字、生日、车牌号、电话号码、单位。

（5）不能选择字典上现有的词汇。

（6）不能选择一串相同的数字或字母。

（7）不能选择明显的键盘序列。

密码的使用应该遵循以下原则：

（1）不能将密码写下来，不能通过电子邮件传输密码。

（2）不能使用缺省设置的密码。

（3）不能将密码告诉别人。

（4）如果系统的密码泄露了，必须立即更改。

（5）不能共享超级用户的口令，使用用户组或适当的工具（如 su）。

（6）系统集成商在施工期间设立的所有缺省密码在系统投入使用之前都要删除。

（7）要以加密形式保存密码，加密算法的强度要高，加密算法要不可逆。

（8）在输入密码时不能使其显示出来。

（9）系统应该强制指定密码的策略，包括密码的最短有效期、最长有效期、最短长度、复杂性等。

（10）除了系统管理员外，一般用户不能改变其他用户的口令。

（11）如果需要特殊用户的口令（比如 UNIX 下的 Oracle），则禁止通过该用户进行交互式登录。

（12）强制用户在第一次登录后改变口令。

（13）在要求较高的情况下可以使用强度更高的认证机制，例如双因素认证。

（14）如果可能的话，可以使用自制密码生成器帮助用户选择口令。

（15）通过定时运行密码检查器来检查口令强度。对于保存机密和绝密信息的系统，应该每周检查一次口令强度；对于其他系统，应该每月检查一次。

1.5.5.5　密匙安全

密钥管理对于有效使用密码技术至关重要。密钥的丢失和泄露可能会损害信息的机密性、真实性和完整性。因此，应采取加密技术等措施来有效保护密钥，以免密钥被非法修改和破坏；还应对生成、存储、归档和保存密钥的设备采取物理保护。此外，必须使用安全部门批准的加密机制进行密钥分发，并记录密钥的分发过程，以便审计跟踪。

密钥的管理流程如下。

（1）密钥产生：为不同的密码系统和不同的应用生成密钥。

（2）密钥证书：生成并获取密钥证书。

（3）密钥分发：向目标用户分发密钥，包括标明目标用户收到密钥时如何将之激活。

（4）密钥存储：为当前或近期使用的密钥或备份密钥提供安全存储，包括授权用户如何访问密钥。

（5）密钥变更：包括密钥变更时机及变更规则，处置被泄露的密钥。

（6）密钥撤销：包括如何收回或者去激活密钥。

（7）密钥恢复：作为业务连续性管理的一部分，对丢失或遭到破坏的密钥进行恢复，如恢复加密信息。

（8）密钥归档：归档密钥，用于归档或备份的信息。

（9）密钥销毁：销毁密钥将删除该密钥管理信息客体的所有记录，且无法恢复，因此，在销毁密钥前应确认不再需要由此密钥保护的数据。

1.5.6 警惕社会工程学

1.5.6.1 社会工程学的含义

黑客米特尼克在《欺骗的艺术》中提出社会工程学，其初始目的是让全球的网民们能够重视网络安全，提高警惕，防止没必要的个人损失。

社会工程学是一种利用受害者心理弱点、本能反应、好奇心、信任、贪婪等心理陷阱通过诸如欺骗、伤害等危害手段取得自身利益的手法，它并不等同于一般的欺骗手法。社会工程学很复杂，即使是自认为最警惕、最小心的人，一样会被高明的社会工程学手段损害利益。社会工程学陷阱就是以交谈、欺骗、假冒等方式，从合法用户中套取用户系统的秘密。社会工程学是一种与普通的欺骗和诈骗不同层次的手法。

成熟的社会工程师都擅长进行信息收集。很多表面上看起来一点用都没有的信息，比如一个电话号码、一个人的名字、工作的 ID 号码，都可能会被社会工程师所利用。

社会工程学是一种黑客攻击方法，它利用欺骗等手段骗取对方信任，从而获取机密情报。国内的社会工程学通常和人肉搜索联系在一起，但实际上人肉搜索并不等于社会工程学。

总体上来说，社会工程学就是使人们顺从社会工程师的意愿、满足社会工程师的欲望的一门艺术与学问。它并不单纯是一种控制意志的途径，它不能帮助社会工程师掌握人们在非正常意识以外的行为，且学习与运用这门学问一点也不容易。社会工程学蕴涵了各式各样的灵活的构思与变化着的因素。无论任何时候，在套取到所需要的信息之前，社会工程学的实施者都必须掌握大量的相关基础知识、花时间去进行资料的收集和必要的沟通。

社会工程学定位在计算机信息安全工作链路的一个最脆弱的环节上。我们经常讲，最安全的计算机就是已经拔去了插头（网络接口）的那一台（"物理隔离"）计算机。事实上，社会工程师可以说服某人（使用者）把一台非正常工作状态下的、容易受到攻击的、有漏洞的机器连上网络并启动提供日常服务。可以看出，"人"在整个安全体系中是非常重要的组成部分，因为人有自己的主观思维。

无论是在物理上还是在虚拟的电子信息上，任何一个可以访问系统某个部分（某种服务）的人都有可能构成潜在的安全风险与威胁。这意味着没有把"人"（这里指的是使用者/管理人员等的参与者）这个因素放进企业安全管理策略中的话，该企业将会有一个很大的安全"裂缝"。

所有社会工程学攻击都建立在使人的决断产生认知偏差的基础上。这些认知偏差有时候被称为"人类硬件漏洞"，可以产生众多攻击方式，其中包括：

（1）假托（pretexting）。

（2）调虎离山（diversiontheft）。

（3）钓鱼（phishing）。

（4）在线聊天/电话钓鱼（IVR:phone phishing。IVR:interactive voice response）。

（5）下饵（baiting）。

（6）等价交换（quidproquo）。

（7）尾随（tailgating）。

1.5.6.2 预防社会工程学

1. 企业防御方法

1）增加网站被假冒的难度

国际反网络诈骗组织 2005 年的报告显示,中国已经成为世界上第二大拥有仿冒域名及网站的国家,占全球的 12％。银行界人士分析,域名过长是假冒的根源。据悉,为预防不法分子用假域名进行网络钓鱼,国内已有 14 家银行更改了网银域名,更多地使用. CN 域名。例如,建设银行网银域名从 ccb. com. cn 升级为 ccb. cn,中国银行网银域名由 bank-of-china. com 变更为 boc. cn。同时,企业需要定期对 DNS 进行扫描,以检查是否存在与公司已注册域名相类似的域名。此外,一般来说,在网页设计技术上不使用弹出式广告、不隐藏地址栏及框架的企业网站被假冒的可能性较小。

2）加强内部安全管理

尽可能把系统管理工作职责进行分离,合理分配每个系统管理员所拥有的权力,避免权限过分集中。为防止外部人员混入公司内部,员工应佩戴胸卡,公司应设置门禁和视频监控系统;规范办公垃圾和设备维修报废处理程序;杜绝为贪图方便,通过 QQ 等方式进行系统维护工作的日常联系或复制、粘贴密码。

3）开展安全防范训练

安全意识比安全措施重要很多。对于防范社会工程学攻击,指导和教育是关键。直接明确地给予容易受到攻击的员工一些案例教育和警示,让他们知道社会工程学是如何运用和得逞的,学会辨认社会工程学攻击。在这方面,要注意培养和训练企业员工的几种能力辨别判断能力、防欺诈能力、信息隐藏能力、自我保护能力、应急处理能力等。

2. 个人信息安全的保护

1）保护个人信息资料不外泄

目前网络环境中,论坛、博客、新闻系统、电子邮件系统等多种应用中都包含了用户个人注册信息,其中包括用户名、账号密码、电话号码、通讯地址等个人敏感信息。目前网络环境中的大量社交网站,无疑是网民无意识泄露敏感信息的最好地方,因此它们是黑客最喜欢的网络环境。所以,网民在网络上填写注册信息时,对于需要提供真实信息的网站,需要查看该网站是否提供对个人隐私信息的保护功能、是否具有一定的安全防护措施,尽量不要使用真实信息,提高所使用密码的复杂度,尽量不要用与姓名、生日等相关的信息作为密码,以防止个人资料泄露或被黑客恶意暴力破解并利用。

2）时刻提高警惕

在网络环境中,利用社会工程学进行攻击的手段复杂多变,用户要时刻提高警惕,不要轻易相信在网络环境中所看到的信息。

3）保持理性思维

很多黑客在利用社会工程学进行攻击时,大多利用人感性的弱点来施加影响。网民与陌生人沟通时,应尽量保持理性思维,减小上当受骗的概率。

4）不要随意丢弃废物

日常生活中,很多废物都包含用户的敏感信息,如发票、取款机凭条等。这些看似无用的废弃物可能会被"有心"的黑客拿来实施社会工程学攻击,因此丢弃废物时需小心谨慎,将其完全销毁后再丢弃到垃圾桶中,以防止被他人捡到时因未完全销毁而造成个人信息的泄露。

1.5.7 施工信息安全

（1）由客户方提供给施工商的所有图纸和文件均被认为是机密信息，由施工商相关人员妥善保管，未经客户书面许可施工商不得对外或第三方公开披露，不得以任何形式向任何第三方透露所承揽工程的相关情况。

（2）所有工程信息（包括但不限于机房图纸、设备类型、弱电材料类型、机房过道上的宣传资料、机房设计专利等）的版权归客户所有，没有客户批准施工商不得作任何应用。

（3）施工商不得在工地或其施工设备上展出或允许展出任何贸易或商业广告，在工地上张贴的所有通知应事先征得客户的批准。

（4）由客户方提供的所有图纸和文件的著作权归客户所有或虽属于第三方但客户承诺保证权利不受侵犯，根据国家《建设工程勘察设计管理条例》的规定，施工商只有使用与本施工工程中安装、调试、操作或维护、备品与备件采购有关的必需的图纸、文件和软件的权利，并且只用于本合同工程，未经客户书面许可，施工商不得擅自进行修改或用于本工程以外的工程。

（5）由客户方提供的有关工程基本设计、详细设计的所有图纸、文字说明、图表以及在工程建设期间由客户方提供的安装、调试、培训资料均属于客户的专有技术。施工商理解并且同意未经客户方事先书面许可不得提供或采用其他方式将本工程涉及的专利、技术和技术诀窍透露给第三方。否则，发生任何第三方被指控侵权时，由施工商与第三方交涉并承担由此所发生的一切法律责任和经济责任。

（6）施工商在客户数据中心施工期间，未经客户允许，不得同意、介绍任何第三方相关人员或冒充乙方施工人员进入工程现场。

（7）工程竣工后，施工商仍对其在客户数据中心施工期间接触、知悉的属于客户或者虽属于第三方但归属客户的数据中心承诺有保密义务的技术秘密和其他商业秘密信息有保密义务。

 本章练习

1. 施工前的安全教育包括哪些内容？
2. 现场工程师服务规范包括哪些内容？
3. 针对综合布线项目需要具备哪些资质方可进行施工？
4. 客户罚则一般包括哪些内容？

第 2 章　光纤通信原理

学习本章内容,可以获取的知识:

- 了解光纤结构
- 熟悉光纤的通信原理
- 熟悉光纤跳线的种类
- 掌握极性的定义与解决方案

本章重点:

△ 光纤的通信原理
△ 光纤的分类
△ 极性

2.1　光纤

2.1.1　光纤的基本知识

2.1.1.1　光纤的定义

1870 年,英国物理学家丁达尔到皇家学会的演讲厅讲光的全反射原理,他做了一个简单的实验:在装满水的木桶上钻个孔,然后用灯从桶上边把水照亮。结果使人们大吃一惊,人们看到:闪亮的水从木桶的小孔里流了出来,水流弯曲,光线也跟着弯曲,光居然被弯弯曲曲的水流"俘获"了。

人们发现,光能沿着从酒桶中喷出的细酒流传输、光能顺着弯曲的玻璃棒前进。这些现象引起了丁达尔的注意,经过研究,他发现这是光发生全反射的结果,由于水等介质的密度比周围物质(如空气)的密度大,光从水中射向空气时,当入射角大于某一角度时,折射光线消失,全部光线都反射回水中,从表面上看,光好像在水流中弯曲前进。

后来,人们制造出一种透明度很高、像蜘蛛丝一样粗细的玻璃丝——玻璃纤维,当光线以合适的角度射入玻璃纤维时,光就会沿着弯弯曲曲的玻璃纤维前进。由于这种纤维能够用来传输光线,所以称它为光导纤维,简称光纤。

2.1.1.2　光纤的发展历程

1966 年,英籍华裔学者高锟(K.C.Kao)在 PIEE 杂志上发表了论文《光频率的介质纤维表面波导》，从理论上分析并证明了用光纤作为传输媒介来实现光通信的可能性，并预言了制造通信用的超低耗光纤的可能性。

1970 年，美国康宁公司三名科研人员马瑞尔、卡普隆、凯克用改进型化学相沉积法（MCVD 法）成功研制成传输损耗只有 20 dB/km 的低损耗石英光纤。

1970 年，美国贝尔实验室成功研制出世界上第一个在室温下以连续波工作的砷化镓铝半导体激光器。1972 年，光纤传输损耗降低至 4 dB/km。

1973 年，我国武汉邮电科学研究院开始研究光纤通信。

1974 年，美国贝尔实验室发明了低损耗光纤制作法——CVD 法（气相沉积法），使光纤传输损耗降低到 1.1 dB/km。

1976 年，美国在亚特兰大的贝尔实验室地下管道开通了世界上第一条光纤通信系统的试验线路。一条拥有 144 个光纤的光缆以 44.736 Mbps 的速率传输信号，中继距离为 10 km。光纤采用的是多模光纤。光源采用的是发光管 LED，光线采用的是波长为 0.85 微米的红外光。

1976 年，传输损耗降低至 0.5 dB/km。

1977 年，贝尔实验室和日本电报电话公司几乎同时研制成功使用寿命达 100 万小时的半导体激光器。

1977 年，世界上第一条光纤通信线路在美国芝加哥市投入商用，传输速率为 45 Mb/s。

1977 年，首次在实际生活中安装电话光纤网路。

1978 年，FORT 在法国首次安装其生产的光纤电缆。

1979 年，赵梓森研制出我国自主研发的第一根实用光纤，被誉为"中国光纤之父"。

1979 年，光纤传输损耗降低至 0.2 dB/km。

1980 年，多模光纤通信系统商用化（传输速率为 140 Mb/s）。研发人员着手单模光纤通信系统的现场试验工作。

1982 年，我国邮电部重点科研工程"八二工程"在武汉开启。

1990 年，单模光纤通信系统进入商用化阶段（传输速率为 565 Mb/s）。研发人员着手进行零色散移位光纤和波分复用及相干通信的现场试验，而且陆续制定数字同步体系（SDH）的技术标准。

1990 年，光纤的传输损耗降低至 0.14 dB/km，已经接近石英光纤的理论衰耗极限值 0.1 dB/km。

1990 年，出现区域网络及其他短距离传输应用的光纤。

1992 年，贝尔实验室与日本合作伙伴成功试验了可以无错误传输 9000 公里的光放大器，传输速率最初为 5 Gbps，随后增加到 10 Gbps。

2005 年，FTTH（fiber to the home）光纤直接连接到家庭。

2014 年，中国的光纤产能达到两亿四千万公里，占全球总量的一半以上。

目前，我国光纤光缆市场呈"六大"格局：武汉长飞、亨通光电、烽火通信、富通集团、中天科技、通鼎互联六家厂商占据了大部分市场份额。统计数据显示，到 2016 年这六家厂商占据的市场份额已达到 82%；武汉长飞的市场份额长期维持在 20% 左右，其余五家厂商的市场份额都保持在 15% 左右。

2.1.1.3 光纤结构

光纤由纤芯、包层和涂覆层 3 部分组成,如图 2-1 所示。

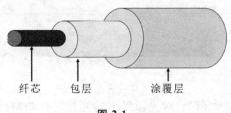

纤芯　　包层　　　　涂覆层

图 2-1

1. 纤芯

纤芯位于光纤的中心部位。

(1) 纤芯直径 $d_1 = 4 \sim 50 \ \mu m$,单模光纤的纤芯直径为 $8 \sim 10 \ \mu m$,多模光纤的纤芯直径为 $50/62.5 \ \mu m$。

(2) 纤芯的成分是高纯度 SiO_2,掺有极少量的掺杂剂(如 GeO_2,P_2O_5),以提高纤芯对光的折射率(n_1),从而传输光信号。

2. 包层

包层位于纤芯的周围。

包层直径 $d_2 = 125 \ \mu m$,包层的成分也是含有极少量掺杂剂的高纯度 SiO_2。它与纤芯一起构成全反射条件,使得光信号在封闭纤芯中传输。

3. 涂覆层

光纤的最外层为涂覆层,包括一次涂覆层、缓冲层和二次涂覆层。

(1) 一次涂覆层一般使用丙烯酸酯、有机硅或硅橡胶材料。

(2) 缓冲层一般为性能良好的填充油膏。

(3) 二次涂覆层一般使用聚丙烯或尼龙等高聚物。

涂覆层的作用是保护光纤不受水汽侵蚀和机械擦伤,同时又增加了光纤的机械强度与可弯曲性,起着延长光纤使用寿命的作用。涂覆后光纤的外径约为 1.5 mm。通常所说的光纤为涂覆后的光纤。

2.1.1.4 光纤传输原理

因为光在不同物质中的传播速度是不同的,所以光从一种物质射向另一种物质时,在两种物质的交界面处会发生折射和反射。折射光的角度会随着入射光的角度变化而变化,当入射光的角度达到或超过某一角度时,折射光会消失,入射光全部被反射回来,这就是光的全反射,如图 2-2 所示。不同的物质对相同波长光的折射角度是不同的(即不同的物质有不同的光折射率),相同的物质对不同波长光的折射角度也是不同的。光纤通信就是基于以上原理而实现的。

最基本的光纤通信系统由光发信机、光收信机、光纤线路、中继器以及无源器件组成。其中,光发信机负责将电信号转换成适合在光纤上传输的光信号,光纤线路负责传输信号,而光收信机负责接收光信号,并从中提取信息,然后将其转变成电信号,最后得到对应的语音、图像、数据等信息,如图 2-3 所示。

光发信机——由光源、驱动器和调制器组成,且实现电/光转换的光端机。其功能是将

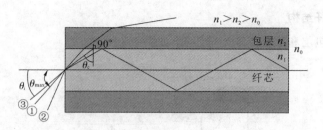

图 2-2

来自电端机的电信号转换成光信号，对光源发出的光波进行调制，然后再将已调的光信号耦合到光纤或光缆中去传输。

光收信机——由光检测器和光放大器组成，是实现光/电转换的光端机。其功能是用光检测器将光纤或光缆传输来的光信号转换为电信号，然后用光效器将此微弱的电信号放大到足够的电平，并送到接收端。

光纤线路——其功能是将发信端发出的已调光信号，经过光纤或光缆进行远距离传输后，耦合到收信端的光检测器上去，完成传送信息的任务。

中继器——由光检测器、光源和判决再生电路组成。它的作用有两个：一个是补偿光信号在光纤中传输时的衰减量，另一个是对波形失真的脉冲进行整形。

无源器件——包括光纤连接器、光耦合器等，用于完成光纤间的连接、光纤与光端机的连接及耦合。

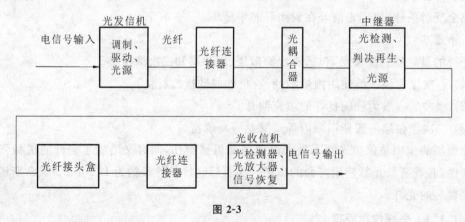

图 2-3

2.1.1.5　光纤传输的优缺点

1. 光纤传输的优点

1）频带宽

频带的宽窄代表传输容量的大小。载波的频率越高，可以传输信号的频带宽度就越大。目前，多模光纤的频带为几百兆赫，好的单模光纤的频带可达 10 GHz 以上，单个光源采用先进的相干光通信，可以在 30000 GHz 范围内安排 2000 个光载波，进行波分复用，可以容纳上百万个频道。

2）损耗低

在由同轴电缆组成的系统中，最好的电缆在传输 800 MHz 信号时，每公里的损耗都在 40 dB 以上。相比之下，光导纤维的损耗则要小得多，传输波长为 1.31 μm 的光，每公里损耗在 0.35 dB 以下，若传输波长为 1.55 μm 的光，每公里损耗更小，可达 0.2 dB 以下。此外，光纤传输损耗还有两个特点,一是在全部有线电视频道内具有相同的损耗,不需要像电缆干线那样必须引入均衡器来进行均衡;二是损耗几乎不随温度而变,不用担心因环境温度变化而造成干线电平的波动。

3) 重量轻

光纤非常细,单模光纤的纤芯直径一般为 $8\sim10\ \mu m$,外径也只有 $125\ \mu m$。在加上防水层、加强筋、护套等的情况下,用 $4\sim48$ 根光纤组成的光缆的直径还不到 13 mm,比标准同轴电缆的直径 47 mm 要小得多,且光纤是玻璃纤维,重量轻,故光纤具有直径小、重量轻的特点,安装十分方便。

4) 抗干扰能力强

光纤的基本成分是石英,只传光,不导电,不受电磁场的作用。在光纤中传输的光信号不受电磁场的影响,故光纤传输对电磁干扰、工业干扰有很强的抵御能力。也正因为如此,在光纤中传输的信号不易被窃听,有利于保密。

5) 保真度高

光纤传输一般不需要中继放大,不会因为放大而引入新的非线性失真。只要激光器的线性好,就可高保真地传输电视信号。

6) 工作性能可靠

一个系统的可靠性与组成该系统的设备数量有关。设备越多,系统发生故障的概率越大。因为光纤系统包含的设备数量少(不像电缆系统那样需要几十个放大器),故其可靠性自然也就高。光纤设备的使用寿命都很长,无故障工作时间达 50 万~75 万小时,其中使用寿命最短的是光发射机中的激光器,但最低使用寿命也在 10 万小时以上。

7) 成本不断下降

由于光纤材料(石英)的来源十分丰富,随着技术的进步,成本会进一步降低;而电缆所需的铜原料有限,价格会越来越高。所以,今后光纤传输将占绝对优势,会成为建立有线电视网的最主要传输手段。

2. 光纤传输的缺点

(1) 抗拉强度低。光纤的理论抗拉强度大于钢的抗拉强度。但是,在生产过程中光纤表面存在或产生微裂痕,光纤受拉时应力全都加于此,从而使光纤的实际抗拉强度非常低,这就是裸光纤很容易被折断的原因。

(2) 光纤连接困难。要想使光纤的连接损耗小,两根光纤的纤芯就必须严格对准,由于光纤的纤芯很细,加之石英的熔点很高,因此光纤连接很困难,需要有昂贵的专门工具。

(3) 光纤怕水,水进入光纤后主要会产生以下三方面的问题:

① 水进入光纤后,会增加光纤的 OH⁻ 吸收损耗,使信道总损耗增大,甚至使通信中断;
② 水进入光纤后,会使光纤中的金属构件氧化,使金属构件腐蚀,导致光缆强度降低;
③ 进入光纤中的水遇冷结成冰后体积增大有可能压坏光纤。

2.1.1.6　光纤的分类

1. 按传输模数分类

当光在光纤中传输时,如果光纤纤芯的几何尺寸远大于光波波长,则光在光纤中会以几十种甚至几百种传输模式进行传输,如图 2-4 所示。这些不同的光束称为模数。按传输模数的不同,光纤分为多模光纤和单模光纤。

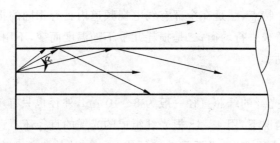

图 2-4

1）多模光纤

当光纤的几何尺寸（主要是芯径 d_1）远大于光波波长（约 1 μm）时，光纤在传输过程中会存在几十种甚至几百种传输模式，这样的光纤称为多模光纤。

常用的多模光纤根据 ISO/IEC 11801 定义可分为 OM1、OM2、OM3、OM4 四种级别，如表 2-1 所示。

表 2-1

光纤型号	级别	千兆传输距离	万兆传输距离
标准 62.5/125 μm	OM1	275 m	33 m
标准 50/125 μm	OM2	500 m	66 m
50/125 μm—150	OM3	750 m	150 m
50/125 μm—300	OM3	1 000 m	300 m
50/125 μm—550	OM4	1 000 m	550 m

2）单模光纤

当光纤的几何尺寸（主要是芯径 d_1）较小（如芯径 d_1 为 8～10 μm），与光波波长在同一数量级时，光纤只允许一种模式（基模）在其中传输，截止其余的高次模，这样的光纤称为单模光纤。光在单模光纤中的传播轨迹如图 2-5 所示。

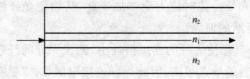

图 2-5

常用的单模光纤根据 ISO11801 定义分为 OS1、OS2 两种级别。

单模光纤传输的信号衰减远远小于多模光纤传输，因此单模光纤的传输距离远远大于多模光纤，所以单模光纤常用于远距离信号传输。

单模光纤与多模光纤的区别如下所述。

（1）核心直径。

多模光纤和单模光纤之间的主要区别是，前者具有更大的纤芯直径（通常是 50 μm 或 62.5 μm），而典型单模光纤的纤芯直径是 8 μm 和 10 μm，两者的包层直径都为 125 μm，如

图 2-6 所示。

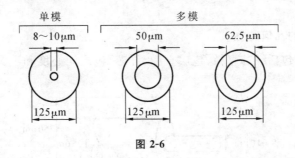

图 2-6

（2）光源。

通常激光器和 LED 都可以作为光源。激光器光源明显比 LED 光源昂贵,因为它产生的光可以实现精确控制,并具有高功率。而 LED 光源(产生许多模式的光)产生的光较分散。LED 光源多用于多模光纤跳线。激光器光源(产生接近单一模式的光)通常用于单模光纤跳线。

（3）带宽。

多模光纤比单模光纤具有更大的纤芯尺寸,它支持多个传输模式。此外,和多模光纤一样,单模光纤也表现出由多个空间模式引起的模态色散,但单模光纤的模态色散小于多模光纤。基于上述原因,单模光纤比多模光纤具有更高的带宽。

（4）护套颜色。

护套颜色有时被用来区分单模光纤跳线和多模光纤跳线。根据 TIA-598-C 标准的定义,非军事用途下,单模光纤采用黄色外护套,多模光纤采用橙色或水绿色外护套。根据不同的类型,一些厂商使用紫色来区分高性能 OM4 光纤和其他类型光纤。

（5）模态色散。

LED 光源有时用于多模光纤,以创造以不同速度传输的一系列波长。这会导致多模态色散,且限制了多模光纤跳线的有效传输距离。与之相反,用于驱动单模光纤的激光器产生一个单一波长的光,因此,单模光纤的模态色散远小于多模光纤。

（6）价格。

多模光纤可以支持多个光模式,它的价格高于单模光纤。但在设备方面,由于单模光纤通常采用固态激光二极管,因此,单模光纤的设备比多模光纤的设备更昂贵。因此,使用多模光纤的成本远小于使用单模光纤的成本。

2. 按传输波长分类

光纤按照传输波长可分为短波长光纤和长波长光纤。

（1）短波长光纤的波长为 $0.8\sim0.9~\mu m$,常见的有 $0.85~\mu m$。

（2）长波长光纤的波长为 $1.3\sim1.6~\mu m$,主要有 $1.31~\mu m$ 和 $1.55~\mu m$。

3. 按套塑结构分类

按套塑结构的不同,光纤可分为紧套光纤和松套光纤。

（1）紧套光纤就是在一次涂覆光纤上再紧紧地套上一层尼龙或聚乙烯等塑料套管,光纤在套管内不能自由活动。

（2）松套光纤就是在光纤涂覆层外面再套上一层塑料套管,光纤可以在套管中自由活动。

2.1.2 光纤特性

2.1.2.1 光纤的几何特性

光纤的几何特性包括纤芯直径、包层直径、纤芯/包层同心度和不圆度、光纤翘曲度等，如图 2-7 所示。

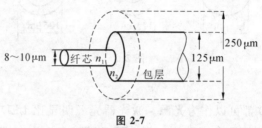

图 2-7

1.纤芯直径

纤芯直径主要是对多模光纤的要求。ITU-T 规定，多模光纤的纤芯直径为 50 μm±3 μm。单模光纤的纤芯直径为 8～10 μm。

2.包层直径

包层直径指光纤的外径。ITU-T 规定，多模光纤及单模光纤的包层直径均为 125 μm±3 μm。目前，光纤制造商已将光纤外径规格从 125 μm±3 μm 提高到 125 μm±1 μm。

3.纤芯/包层同心度和不圆度

(1)纤芯/包层同心度是指纤芯在光纤内所处的中心程度。目前，光纤制造商已将纤芯/包层同心度的规格从小于等于 0.8 μm 提高到小于等于 0.5 μm。

(2)不圆度包括纤芯的不圆度和包层的不圆度。

4.光纤翘曲度

光纤翘曲度是指在光纤特定长度上测量到的弯曲度。可用曲率半径来表示弯曲度。翘曲度(即曲率半径)数值越大，光纤越直。

 注意：

纤芯/包层同心度对接续损耗的影响最大，其次是光纤翘曲度。

2.1.2.2 光纤的传输特性

光纤的传输特性主要是指光纤的损耗特性和色散特性。

1.光纤的损耗特性

光波在光纤中传输时，随着传输距离的增加，光功率强度逐渐减弱，光纤对光波产生衰减作用，称之为光纤的损耗(或衰减)。

光纤的损耗限制了光信号的传输距离。光纤的损耗主要取决于吸收损耗、散射损耗、弯曲损耗等损耗。

1) 吸收损耗

光纤吸收损耗是制造光纤的材料本身造成的损耗，包括紫外吸收、红外吸收和杂质吸收。

2) 散射损耗

由于材料的不均匀使光信号向四面八方散射而引起的损耗称为瑞利散射损耗。光纤制造中,结构上的缺陷会引起与波长无关的散射损耗。

3) 弯曲损耗

光纤的弯曲会引起辐射损耗。实际中,有两种情况的弯曲:一种是曲率半径比光纤直径大很多的弯曲,另一种是微弯曲。

决定光纤衰减常数的损耗主要是吸收损耗和散射损耗,弯曲损耗对光纤衰减常数的影响不大。

4) 杂质吸收

光纤材料本身含有的杂质造成的吸收损耗。

5) 接续损耗

光纤对接的要求比较高,在接续中的对接有偏差会导致接续损耗。

2. 光纤的色散特性

色散就是光纤中传输的不同模式的光信号中的不同频率成分,由于速度不同而到达光纤终端时存在先后顺序,从而产生波形畸变的一种现象。雨后的彩虹就是最简单的色散现象。色散越小,带宽就越大。

色散一般用时延差来表示。所谓时延差,是指不同频率的信号成分传输同样的距离所需要的时间之差。色散引起的脉冲展宽示意图如图 2-8 所示。

图 2-8

光纤的色散可分为模式色散、色度色散、偏振模色散等。

1) 模式色散

多模光纤中不同模式的光束有不同的群速度。在传输过程中,因不同模式光束的时间延迟不同而产生的色散,称为模式色散。

2) 色度色散

光源的不同频率(或波长)成分具有不同的群速度。在传输过程中,因不同频率光束的时间延迟不同而产生的色散称为色度色散。色度色散包括材料色散和波导色散。

① 材料色散。材料折射率随光信号频率的变化而变化,光信号的不同频率成分所对应的群速度不同,由此引起的色散称为材料色散。

② 波导色散。由于光纤波导结构引起的色散称为波导色散。波导色散的大小可以和材料色散相比拟,普通单模光纤在波长为 $1.31~\mu\mathrm{m}$ 处这两个色散值基本相互抵消。

 注意:

模式色散主要存在于多模光纤。单模光纤无模式色散,只有材料色散和波导色散。当波长在 1.31 $\mu\mathrm{m}$ 附近时,色散接近于零。

3) 偏振模色散(PMD)

由于光信号的两个正交偏振态在光纤中有不同的传输速度而引起的色散称为偏振模色散,如图 2-9 所示。

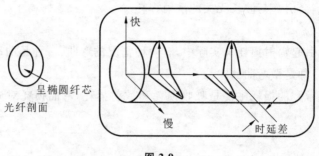

图 2-9

4) 码间干扰(ISI)

色散将导致码间干扰。各波长成分到达光纤终端的时间不一致,使得光脉冲加长($T+\Delta T$)了,这叫作脉冲展宽。脉冲展宽将使前后光脉冲发生重叠,形成码间干扰(见图 2-10),码间干扰将引起误码,从而会限制传输的速率和传输距离。

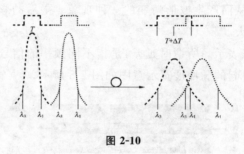

图 2-10

2.1.2.3 光纤的衰减系数

光纤的衰减系数是指光在单位长度光纤中传输时的衰耗量,其单位一般为 dB/km。它是描述光纤损耗的主要参数。

单模光纤、多模光纤对应波长与衰减系数如下:

(1)多模光纤 850 nm,<3.0 dB/km。

(2)单模光纤 1310 nm,<0.34 dB/km。

(3)单模光纤 1550 nm,<0.20 dB/km。

单模光纤中有两个低损耗区域,分别在波长 1310 nm 和波长 1550 nm 附近,即通常说的 1310 nm 窗口和 1550 nm 窗口;1550 nm 窗口又可以分为 C-band(1525~1562 nm)和 L-band(1565~1610 nm)。光纤的特性如图 2-11 所示。

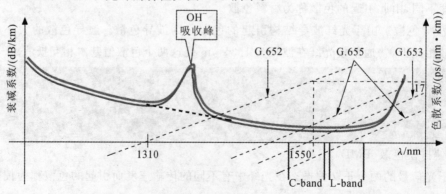

图 2-11

2.1.2.4　光纤的机械特性

光纤的机械特性主要包括耐侧压力、抗拉强度、弯曲、断裂、使用寿命、机械可靠性以及扭绞性能等,使用者最关心的是抗拉强度。

1. 光纤的抗拉强度

光纤的抗拉强度很大程度上反映了光纤的制造水平。影响光纤抗拉强度的主要因素是光纤制造材料和光纤制造工艺,例如预制棒的质量、拉丝炉的加温质量和环境污染、涂覆技术、机械损伤。

2. 光纤的断裂分析

存在气泡、杂物的光纤,在一定张力下会断裂,光纤断裂和应力关系示意图如图 2-12 所示。

3. 光纤的使用寿命

当光纤损耗加大以致系统开通困难时,称光纤已达到了使用寿命。从机械性能讲,光纤寿命指光纤断裂寿命。

4. 光纤的机械可靠性

一般来说,利用二氧化硅包层的光纤的机械可靠性已经得到广泛认可。为了提高光纤的机械可靠性,可以在光纤的外包层中掺入二氧化钛,以增加网络的使用寿命。

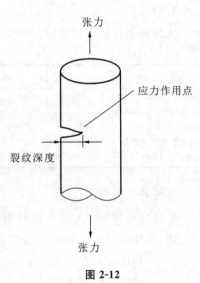

图 2-12

2.1.2.5　光纤的环境特性

循环温度、高温高湿、温度时延漂移、浸水、核辐射等会影响光纤的使用寿命。

光纤的温度特性,是指在高、低温条件下光纤损耗的情况,光纤低温特性曲线如图 2-13 所示。

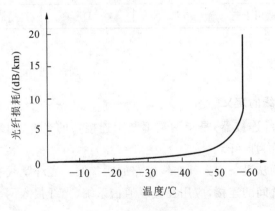

图 2-13

2.1.2.6　光纤命名规则

光纤命名规则示例如图 2-14 所示。

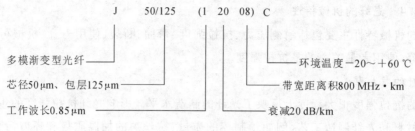

图 2-14

1. 材质

光纤命名规则中的材质说明如表 2-2 所示。

表 2-2

字　母	注　释	字　母	注　释
J	二氧化硅多模渐变型光纤	Z	二氧化硅多模准突变型光纤
X	二氧化硅纤芯塑料包层光纤	T	二氧化硅系多模突变光纤
D	二氧化硅系单模光纤	S	塑料光纤

2. 波长

光纤命名规则中的波长说明如下：

1——使用波长在 $0.85\ \mu m$ 区域。

2——使用波长在 $1.31\ \mu m$ 区域。

3——使用波长在 $1.55\ \mu m$ 区域。

3. 温度

光纤命名规则中的温度说明如表 2-3 所示。

表 2-3

字　母	注　释	字　母	注　释
A	适用于-40～+40 ℃	B	适用于-30～+50 ℃
C	适用于-20～+60 ℃	D	适用于-5～+60 ℃

2.1.3　光纤跳线

2.1.3.1　光纤跳线的定义

光纤跳线(又称光纤连接器)是指两端都装上连接器的光纤,用来实现光路活动连接。一端装有插头的光纤称为尾纤。

光纤跳线用来作为从设备到光纤布线链路的跳接线。光纤跳线有较厚的保护层,一般用在光端机和终端盒之间的连接,应用在光纤通信系统、光纤接入网、光纤数据传输以及局域网等领域。

2.1.3.2　光纤跳线的分类

1. 按接口分类

(1) FC 型光纤连接器(见图 2-15):其外部加强方式是采用金属套,紧固方式为采用螺丝扣。一般用于 ODF 侧(配线架上用得最多)。

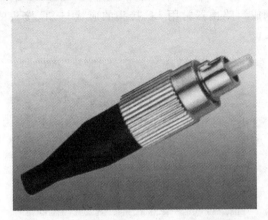

图 2-15

(2) SC 型光纤连接器(见图 2-16):是用于连接 GBIC 光模块的连接器。它的外壳呈矩形,紧固方式是采用插拔销闩式,无须旋转(路由器交换机上用得最多)。

SC 接头是标准方形接头,采用工程塑料制成,具有耐高温、不容易氧化等优点。传输设备侧光接口一般用 SC 接头。

图 2-16

(3)ST 型光纤连接器(见图 2-17):常用于光纤配线架,外壳呈圆形,紧固方式为采用螺丝扣。

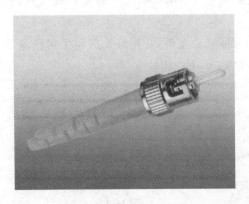

图 2-17

（4）LC 型光纤连接器（见图 2-18）：是连接 SFP 模块的连接器。它根据操作方便的模块化插孔（RJ）闩锁机理制成。路由器常用 LC 接头的形状与 SC 接头的形状相似，但 LC 接头的体积较 SC 接头小一些。

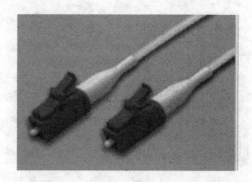

图 2-18

（5）MT－RJ（见图 2-19）：收发一体的方形光纤连接器。

图 2-19

2.按端面对接形式分类

光纤跳线按照端面对接形式可以分为 PC 型光纤跳线、UPC 型光纤跳线、APC 型光纤跳线三种，如图 2-20 所示。

PC 型光纤跳线在电信运营商设备中的应用最为广泛，其接头截面是平的；

UPC 型光纤跳线的断面呈微球面研磨抛光，它的衰耗比 PC 型光纤跳线要小，一般用于有特殊需求的设备，一些国外厂家 ODF 架内部的光纤跳线用的就是 FC/UPC 型，以提高 ODF 设备自身的指标；

APC 型光纤跳线的断面呈 8 度角，其尾纤头采用了带倾角的端面，可以改善电视信号的质量，在广电和早期的 CATV 中应用较多。

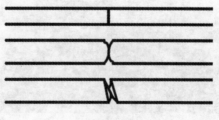

图 2-20

3.按纤芯数量分类

光纤跳线按照纤芯数量可分为单模光纤跳线与多模光纤跳线。

单模光纤跳线的外表颜色为黄色,如图 2-21 所示。

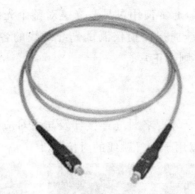

图 2-21

多模光纤跳线多为蓝色或橙色,如图 2-22 所示。

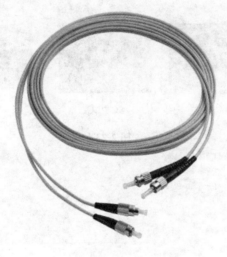

图 2-22

2.1.3.3 光纤跳线的特性

1.特点

(1) 插入损耗低。

(2) 重复性好。

(3) 回波损耗大。

(4) 互插性能好。

(5) 温度稳定性好。

(6) 抗拉性能强。

2.注意事项

(1) 使用前必须用酒精和脱脂棉将光纤跳线陶瓷插芯和插芯端面擦拭干净。

(2) 使用时光纤的最小弯曲半径不小于 150 mm。

(3) 保护插芯和插芯端面,防止它们被碰伤、污染,拆卸后及时给它们戴上防尘帽。

（4）在激光信号的传输过程中请勿直视光纤端面。

（5）出现人为及其他不可抗因素损坏时，应及时更换损坏的光纤跳线。

（6）光纤网络或系统出现异常情况时，可采用故障排除法逐一测试。测试或排除光纤跳线故障时可以先做通断测试，通常使用可见激光笔对整个光纤链路进行打光判断。如有需要，可以进一步使用精密光纤插损回损仪测试光纤跳线的各项指标，若指标在合格范围内，则光纤跳线指示正常，反之则不正常。

2.1.4 光纤适配器

适配器也称法兰，图 2-23 所示是各种光连接器及与之对应的适配器。光纤适配器用在 ODF 架上，供光纤连接，也可以用于光纤跳线的对接。

图 2-23

2.2 光缆

2.2.1 光缆的定义

光缆（optical fibercable）是为了满足光学、机械或环境的性能规范而制造的。光缆是以置于包覆护套中的一根或多根光纤作为传输媒质并可以单独或成组使用的通信线缆组件。光缆主要由光导纤维（细如头发的玻璃丝）、塑料保护套管及塑料外皮构成。光缆内没有金、银、铜、铝等金属材料，一般无回收价值。光缆是一定数量的光纤按照一定方式组成缆芯，且外包有护套（有的还包覆外护层），用于实现光信号传输的一种通信线路。光缆是由光纤（光传输载体）经过一定的工艺而形成的线缆。

2.2.2 光缆的结构

光缆一般由缆芯、加强元件、外护套等几部分组成，另外根据需要还有防水层、缓冲层、绝缘金属导线等构件。

2.2.2.1 光缆的命名规则

光缆类型的命名由五部分组合而成，如表 2-4 所示。

表 2-4

I	II	III	IV	V
光缆类别	加强构件模型	结构特征	护套	外护层

Ⅰ代表光缆类别,如表 2-5 所示。

表 2-5

字　母	注　释	字　母	注　释
GY	通信用室外光缆	GJ	通信用室内光缆
GM	通信用移动式光缆	GS	通信用设备内光缆
GH	通信用海底光缆	GT	通信用特种光缆

Ⅱ代表加强构件类型,如表 2-6 所示。

加强构件指护套以内或嵌入护套中的用于增强光缆抗拉力的构件。

表 2-6

字　　母	注　释	字　母	注　释
(无型号)	金属加强构件	F	非金属加强构件

Ⅲ代表结构特征,如表 2-7 所示。

光缆的结构特征应表明缆芯的主要类型和光缆的派生结构。当光缆有几个结构特征需要注明时,可用组合代号来表示。组合代号由表 2-7 中相应的各代号按自左至右、自上而下的顺序排列形成。

表 2-7

字　　母	注　释	字　母	注　释
D	光纤带结构	(无型号)	松套层绞式结构
J	光纤紧套被覆结构	(无型号)	层胶结构
X	中心管式结构	G	骨架式结构
T	填充式结构	R	充气式结构
C	自承式结构	B	扁平形状
E	椭圆形状	Z	阻燃结构
C8	8 字形自承式结构		

Ⅳ代表护套,如表 2-8 所示。

表 2-8

字　　母	注　释	字　　母	注　释
Y	聚乙烯护套	V	聚氯乙烯护套
U	聚氨酯护套	A	铝-聚乙烯黏结护套(简称 A 护套)
S	钢-聚乙烯黏结护套(简称 S 护套)	W	夹带钢丝的钢-聚乙烯黏结护套(简称 W 护套)
L	铝护套	G	钢护套
Q	铅护套		

V 代表外护层,如表 2-9 所示。

表 2-9

铠装层代号	含　义	外被层或外护套代号	含　义
0	无铠装层	1	纤维外被层
2	绕包双钢带	2	聚氯乙烯护套
3	单细圆钢丝	3	聚乙烯护套
33	双细圆钢丝	4	聚乙烯套加覆尼龙套
4	单粗圆钢丝	5	聚乙烯保护管
44	双粗圆钢丝		
5	皱纹钢带		

外护层也可以由铠装层和外被层或多护套组合而成,例如:

53——皱纹钢带纵包铠装聚乙烯护套　　　23——绕包双钢带铠装聚乙烯护套

33——单细圆钢丝绕包铠装聚乙烯护套　　43——单粗圆钢丝绕包铠装聚乙烯护套

333——双层细圆钢丝绕包铠装聚乙烯护套

光缆 GYXTW 以及光缆 GYFTY 的含义如下所述。

GYXTW 光缆中,GY 代表室外光缆,无 F 代表为金属加强构件,XT 代表缆芯与光缆的派生结构为中心管式油膏填充结构,W 代表护套为夹带平行钢丝的钢-聚乙烯黏结护套。

GYFTY 光缆中,GY 代表室外光缆,F 代表为非金属加强构件,T 代表油膏填充结构,Y 代表护套为聚乙烯护套。

2.2.2.2　光缆的分类

1. 按环境用途分类

(1)室(野)外光缆——用于室外直埋、管道、槽道、隧道、架空及水下敷设的光缆。

(2)软光缆——具有优良的曲挠性能的可移动光缆。

(3)室(局)内光缆——用于室内布放的光缆。

(4)设备内光缆——用于设备内布放的光缆。

(5)海底光缆——用于跨海洋敷设的光缆。

(6)特种光缆——除上述几类之外,有特殊用途的光缆。

2. 按外部特征分类

光缆按照外部特征可以分为布线光缆、分支光缆。

3. 按内部缆芯类型分类

光缆按照内部缆芯类型可分为单模光缆、多模光缆。

4. 按制造封装结构分类

光缆按照制造封装结构可分为层绞式光缆、中心管式光缆、骨架式光缆、蝶形光缆和带状光缆。

层绞式光缆是把经过套塑的光纤绕在加强芯周围绞合形成的。层绞式结构类似于传统的电缆结构,故又称层绞式光缆为古典光缆。骨架式光缆是把紧套光纤或一次涂覆光纤放入加强芯周围的螺旋形塑料骨架的凹槽内形成的。中心管式光缆是把一次涂覆光纤或光纤束放入大套管中,并将加强芯配置在套管周围形成的。带状光缆中光纤呈带状结构,将带状光纤单元放入大套管中形成中心束管式结构。把带状光纤单元放入凹槽内或松套管内可形成骨架式结构或层绞式结构。

2.3 极性

2.3.1 极性的定义

一般地,一个光链路需要两根光纤才能完成整个传输过程。比如,光模块包括接收端和发射端,使用时,必须确保接收端和发射端处于互联状态。光纤链路中发送端(TX)到接收端(RX)的这种匹配就称为极性。

在传统的布线系统中,人们通常使用的是诸如 LC、SC 之类的连接头,这类连接头很容易就能匹配,所以不存在极性维护的问题。但是,对于预端接、高密度的布线系统(如 MPO/MTP 连接系统)来说,必须高度重视极性问题。

2.3.1.1 MPO/MTP

1. MPO 连接器

MPO 连接器是一种多芯多通道的插拔式连接器,由一对 MT 套筒、两支导引针、两个外壳和一个适配器组成,如图 2-24 所示。其标准特征是利用一个 6.4 mm×2.5 mm 的矩形插芯端面上的导引空和导引针进行定位对中。

MPO 连接器可用于 2~12 芯并排光纤的连接,可用于最多两排 24 芯光纤的同时连接。在对接时,装在插芯尾部的弹簧会对插芯施加一个轴向的压力,直到连接头的外框套跟适配器锁紧。插芯的侧面有一个阳(凸)键,用于在连接时限制连接头之间的相对位置,以确定光纤的正确对接顺序。

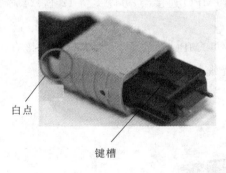

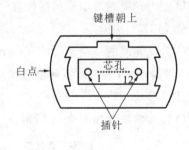

图 2-24

另外,MPO 连接器有公母头之分,连接器接口是由一个带导针孔的母插头和一个带导针的公插头对接并锁紧在一个适配器里面的。因其具有体积小、精度高且密度大等优点,被广泛用于高密度、高速率的数据中心中。

2. MPO 适配器

MPO 连接器(公头)和 MPO 连接器(母头)通过 MPO 适配器配成一对,如图 2-25 所示。MPO 适配器分为 A 型和 B 型两种。

（1）A 型适配器一侧里面的键槽向上，另一侧里面的键槽朝下。因此，连接两个 MPO 连接器时，两个连接器的键槽处于平行线上。

（2）B 型适配器两侧里面的键槽都朝上，因此，连接两个 MPO 连接器时，两个连接器的键槽在一条直线上。

A 型适配器与 B 型适配器的唯一区别是转接模块盒内部的 MPO/MTP 扇出跳线接头与外部 MPO/MTP 跳线接头的接入方向不同。模式 A 采用的是一种直通型配线方式和 A型 MPO/MTP 适配器（键朝上与键朝下的模式耦合）。模式 B 采用一种交叉型配线方式和 B 型适配器（键朝上与键朝上的模式耦合）。

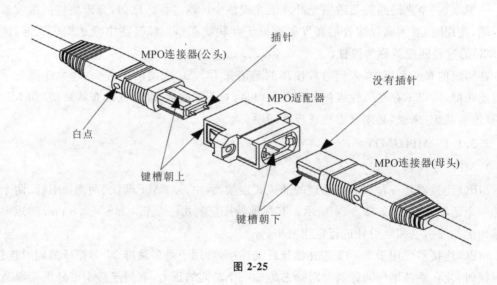

图 2-25

3. MPO 光缆

MPO 主干光缆的两端都预端接有（公/母）MPO 连接器，可以支持 12 芯、24 芯、48 芯和 72 芯的光纤连接。

MPO 分支光缆的一端预端接有一个（公/母）MPO 连接器，另一端则预端接有多个双工 LC、SC 连接器，支持多芯光缆到单芯或双芯光缆的转换。

4. MPO 转接模块盒（ODF）

MPO 转接模块盒如图 2-26 所示。

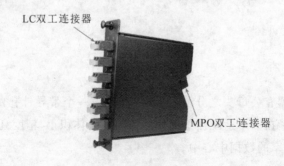

图 2-26

MPO/MTP 转接模块盒是一种盒式结构的转接组件，内含直接扇出光缆组件（光缆一端预端接的是 MPO/MTP 连接器,另一端预端接的是 SC、LC、ST 等普通单芯连接器),前面板装配有 SC、LC、ST 等适配器,后面板装配有 MPO/MTP 适配器,如图 2-27所示。

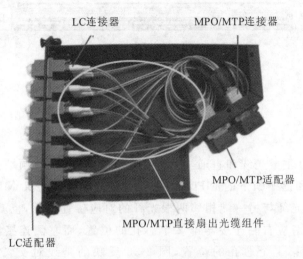

图 2-27

2.3.1.2 极性分类

TIA568 标准规定的三种极性方法分别叫作方法 A、方法 B 和方法 C。为了符合 TIA568 标准,MPO 主干光缆也分为直通、完全交叉和线对交叉三种,即 Type A(keyup－keydown 直通)、Type B(keyup－keyup/keydown－keydown 完全交叉)、Type C(keyup－keydown 线对交叉)。

1. Type A 型

直通 MPO 主干光缆使用的是直通线缆,两端预端接的分别是键槽向上的 MPO 连接器和键槽朝下的 MPO 连接器,因此,光缆两端的光纤对应的位置相同,也就是说,左侧连接器第 1 个芯孔的位置对应右侧连接器第 1 个芯孔的位置。图 2-28 反映的是直通 MPO 主干光缆的线序。

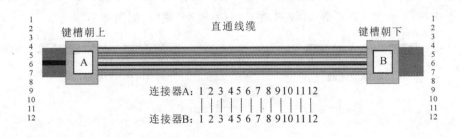

图 2-28

2. Type B 型

完全交叉 MPO 主干光缆使用反转线缆,两端预端接的都是键槽朝上的 MPO 连接器。在这种线缆中,光缆两端的光纤对应的位置相反,也就是说,左侧连接器第 1 个芯孔的位置对应右侧连接器第 12 个芯孔的位置，图 2-29 反映的是完全交叉 MPO 主干光缆的线序。

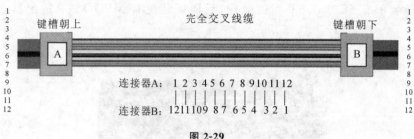

图 2-29

3. Type C 型

线对交叉 MPO 主干光缆和直通 MPO 主干光缆一样，两端预端接的分别是键槽向上的 MPO 连接器和键槽朝下的 MPO 连接器，但是，在线对交叉 MPO 主干光缆中，光缆一端相邻的两根光纤与另一端相邻两根光纤的对应位置相反，也就是说，左侧连接器第 1 个芯孔的位置对应右侧连接器第 2 个芯孔的位置，而左侧连接器第 2 个芯孔的位置对应右侧连接器第 1 个芯孔的位置，图 2-30 反映的是线对交叉 MPO 主干光缆的线序。

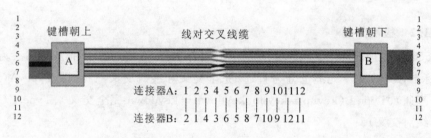

图 2-30

2.3.1.3 双工跳线

不同的极性方法使用不同种类的 MTP 主干光缆。但是，所有的方法都要利用双工跳线来形成光纤链路。TIA 标准也定义了两种不同种类的 LC 或 SC 双工光纤跳线来完成端对端的双工连接：A-A 型（交叉型）跳线和 A-B 型（直通型）跳线，如图 2-31 所示。

(a) A-A 型跳线   (b) B-B 型跳线

图 2-31

2.3.2 极性解决方案

1. A 极性

图 2-32（Rx 表示接收，Tx 表示发射）反映的是 A 类连接方式。A 类连接方式使用的是直通 MPO 主干光缆，为了保证极性的准确性，可以使用两种跳线：光纤链路上侧使用的是标准双工 A-B 型跳线，下侧使用的是 A-A 型跳线。

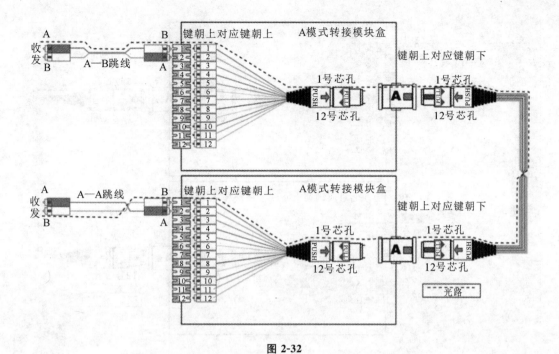

图 2-32

2.B 极性

图 2-33 反映的是 B 类连接方式。B 类连接方式使用的是完全交叉 MPO 主干光缆,由于完全交叉 MPO 主干光缆两端的光纤对应的位置相反,因此光纤链路两端都使用的是标准 A-B 型跳线。

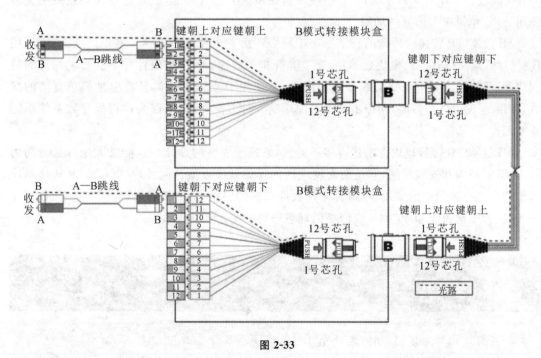

图 2-33

3.C 极性

图 2-34 反映的是 C 类连接方式。C 类连接方式使用的是线对交叉 MPO 主干光缆,光纤链路两端都使用的是标准 A-B 型跳线。

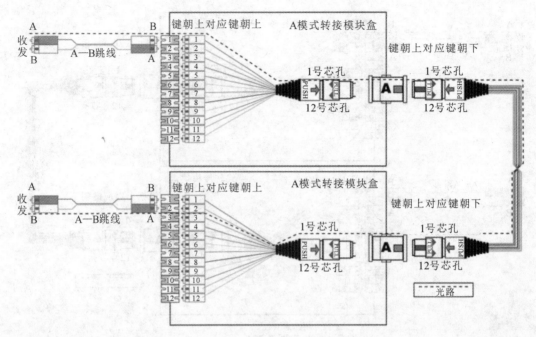

图 2-34

在市场上，大多数 MPO/MTP 转接模块盒采用的都是默认配置 A 型，因为使用这种连接方式布线更简单，而且对单模传输和多模传输均适用且支持网络扩展。此外，由于模式 C 对适配器键位的配置与模式 A 是一致的，因此，A 型 MPO/MTP 转接模块盒还适用于模式 C 的配线连接。B 型 MPO/MTP 转接模块盒在市场上也有需求，但是这种模块盒因不支持使用 APC 单模接头而有所局限。

MPO/MTP 转接模块盒的选型取决于网络连接方式和组件需要。需要注意的是，使用 B 型组件（跳线、适配器、模块盒等）会交叉光纤排列线序，而 A 型组件并不会影响光纤的排列线序。因此，如果需要交叉线序的配线方式，使用 B 型组件。如果希望是简单直接的配线，使用 A 型组件。然而，切记不要混合使用这几种方法和组件，因为这可能导致系统不能正常工作。

MPO/MTP 转接模块盒的优点多不胜数，它便于安装的设计特点能极大地降低劳动力成本、节省空间和安装时间，它是高密度应用的理想解决方案。此外，MPO/MTP 转接模块盒既适合光纤数量少的应用，也适合光纤数量较多的应用，是电信网络、WDM 应用、数据中心布线、骨干网布线和 40/100 G 网络的理想解决方案。

 本章练习

1. 光纤结构分为几层，如何区分光纤是单模还是多模？
2. 常见的光纤跳线有哪些？
3. 影响光纤信号传输性能的因素有哪些？
4. 如何完成 B 极性光缆的信号正常传输？

第 3 章　零星项目工勘

学习本章内容,可以获取的知识:
- 零星项目工勘流程
- 机房工勘内容
- 布线施工要求与线缆预估
- 简单工勘表制作

本章重点:
△ 掌握工勘流程
△ 熟悉工勘确认内容
△ 掌握线缆长度的测量方法

3.1　目的

为加强 IDC 建设布线工程施工的规范性,提高布线工程的施工质量,明确布线工程的施工工艺和验收标准,实现布线工程施工有章可循、有据可依,为后期客户 IDC 运维提供安全稳定的 IDC 基础环境,特制定本工勘规范。

3.2　适用范围

适用于 IDC 机房(DC/AC)基础环境建设项目的质量控制和过程控制。本规范适用于公司所有 IDC 机房建设工程实施操作,对于租用 IDC 机房,如果运营商有部分强制的施工规范,须按照强制规范执行。

3.3　工勘实施

3.3.1　明确需求

(1)收到客户需求后,第一时间查看需求内容。若有不明白的地方,及时联系需求人核实。

（2）需求文档一般包括网络架构图（见图 3-1）、设备上架表（见图 3-2）、机房规划图（见图 3-3）、机房平面 CAD 图（有的项目不一定有）。

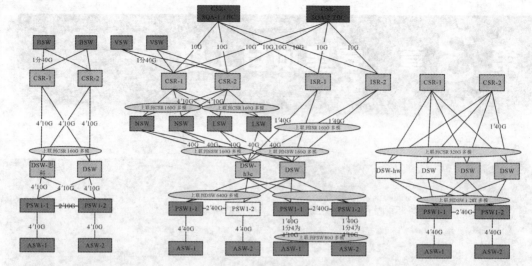

图 3-1

A站点名称	B POD编号	C 设备角色	D 设备型号	E 机柜序列号	F 机房	G	H 机柜	I 机柜位置号	J 设备情况	K 机柜规划
淘宝城2号楼	N/A	ISR-1	ASR 9010		TBC	1.TBC	E01	2		
淘宝城2号楼	N/A	ISR-2	MX960/MX2010		TBC	1.TBC	A01	2		
淘宝城2号楼	N/A	CSR-1	NE40E-X8A		TBC	1.TBC	E06	2		
淘宝城2号楼	N/A	CSR-2	NE40E-X8A		TBC	1.TBC	F05	2		
淘宝城2号楼	N/A	DSW-1	N7K		TBC	1.TBC	A03	2		3.0v
淘宝城2号楼	N/A	DSW-2	N7K		TBC	1.TBC	A05	2		
淘宝城2号楼	N/A	DSW-1	H3C 125-X		TBC	1.TBC	B03	2		3.5
淘宝城2号楼	N/A	DSW-2	H3C 125-X		TBC	1.TBC	B05	2		
淘宝城2号楼	N/A	DSW-3	H3C 125-X		TBC	1.TBC	B07	2		
淘宝城2号楼	N/A	DSW-4	H3C 125-X		TBC	1.TBC	B09	2		
淘宝城2号楼	N/A	LSW-1/NSW-1	N7710		TBC	1.TBC	C01	2		4.0v
淘宝城2号楼	N/A	LSW-2/NSW-2	N7710		TBC	1.TBC	D01	2		
淘宝城2号楼	N/A	DSW-1	CE12804		TBC	1.TBC	C03	2		
淘宝城2号楼	N/A	DSW-2	CE12804		TBC	1.TBC	C05	2		
淘宝城2号楼	N/A	DSW-3	CE12804		TBC	1.TBC	C06	2		
淘宝城2号楼	N/A	DSW-4	CE12804		TBC	1.TBC	C08	2		
淘宝城2号楼	N/A	PSW-1	N5K		TBC	1.TBC	D02	4		
淘宝城2号楼	N/A	PSW-2	N5K		TBC	1.TBC	D03	4		
淘宝城2号楼	N/A	PSW-1	H3C 9804		TBC	1.TBC	D02	12		
淘宝城2号楼	N/A	PSW-2	H3C 9804		TBC	1.TBC	D03	12		
淘宝城2号楼	N/A	PSW-1	H3C 9810		TBC	1.TBC	D02	20		
淘宝城2号楼	N/A	PSW-2	H3C 9810		TBC	1.TBC	D03	20		
淘宝城2号楼	N/A	PSW-1	N6K		TBC	1.TBC	D02	28		
淘宝城2号楼	N/A	PSW-2	N6K		TBC	1.TBC	D03	28		
淘宝城2号楼	N/A	ASW-1	N2K-TP-E		TBC	1.TBC	D04	44		

淘宝城2号楼

图 3-2

门(通向新风机房)

F10	E11	D09	C08		B10	A11
F09	E10	D08	C07		B09	A10
F08	E09	D07	C06		B08	A09
F07	E08	D06	柱子		B07	A08
F06	E07	D05			B06	A07
F05	E06	D04	C05		B05	A06
F04	E05	D03	C04		B04	A05
F03	E04	D02	C03		B03	A04
F02	E03	D01	C02		B02	A03
F01	E02	列头柜 P-DC1-	C01		B01	A02
列头柜 P-DC1-	E01				列头柜 P-DC1-	A01

门　门　　　门(入口)　　加湿器　　门

图 3-3

3.3.2　前期准备

（1）与客户确认好进场工堪时间，然后提前订票。

（2）提前办理好人员入室手续。

（3）准备好工堪工具，如卷尺、水平测量仪、手电筒等。

3.3.3　工勘步骤

（1）到这机房后，先联系机房驻场人员，说明来访原因（工堪），然后登记人员入室信息；

（2）随同驻场人员一起进入机房，注意保护机房设备、设施，然后开始测量数据；

（3）工勘前向运营商索取机柜摆放平面图（见图 3-4），若运营商无法提供，则绘图说明弱电桥架的走向、位置以及空调、机柜等的信息，如图 3-5 所示。

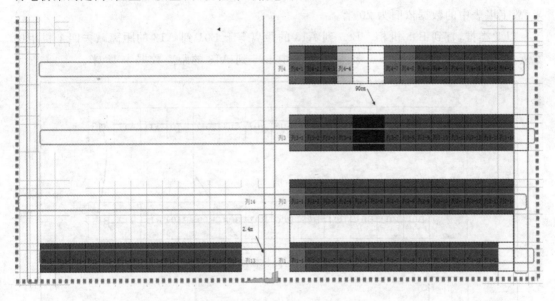

图 3-4

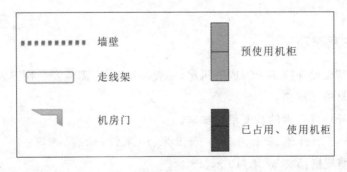

图 3-5

（4）需要测量的关键数据：机柜的长、宽、高，机柜顶到弱电桥架的高度，两列机柜之间的间距，最长线缆水平距离。

（5）关键数据测量完成后，按照工堪表模板填写工堪数据；

（6）具体算法（举例说明）如下：

如图 3-6 所示，假如根据需求 A、B 两列机柜中每个机柜均需要拉一条线到 A13 机柜：

最长线缆水平距离：B01 到 A13，假设测量数值为 12 米。

机柜高度为 2.2 米、宽度为 0.6 米、长度为 1.2 米。

机柜顶到弱电桥架的高度为 0.3 米。

两列机柜之间的间距为 1.2 米。

那么 B01 到 A13 在工堪表中的实际距离为 20 米，算法如下：

水平距离＋两端机柜高度＋两端机柜顶到桥架高度＝12 米＋2.2 米＋2.2 米＋0.3 米＋0.3 米＝17 米（施工项目中，一般光缆、光纤均以 5 米的长度单元加减，所以四舍五入等于 20 米）。

B02 到 A13 的距离等于 B01 到 A13 的距离减去一个机柜的宽度：17 米－0.6 米＝16.4 米，故工堪表中的数据依旧为 20 米。

以此类推，直到 B05 机柜。B05 到 A13 的距离等于 B01 到 A13 的距离减去四个机柜的宽度；17 米－0.6×4 米＝14.6 米，故工堪表中 B05 到 A13 的距离数据为 15 米。

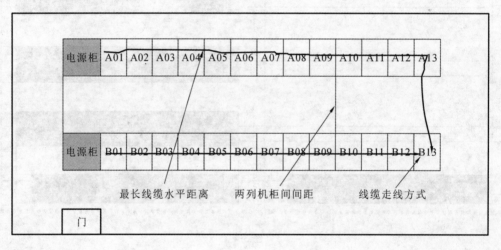

图 3-6

3.3.4 勘查注意事项

（1）如遇到基础设施施工未完成的机房，勘查环境较差，需戴安全帽进入现场。

（2）项目线材施工规格：

① 光缆、光纤均以 5 米的长度单位加减。

② 铜缆规格：3 米、4 米、5 米、6 米、7 米、8 米、10 米、15 米、20 米等。

③ AOC 线缆规格：5 米、7 米、10 米、15 米。

④ 非成品网线规格：305 米/箱。

⑤ 一端设备是 40 GB 接口，另一端设备是 10 GB 接口，那么中间需要用 MPO 转换模块转接或者使用 MPO/LC 1 分 4 分支光缆。

（3）若光纤链路需要跨机房，那么一般禁止使用光纤直连，中间需要用光缆跳接，然后光缆两头以 MPO 转换模块转接光纤链路。

（4）线缆长度预算数值需要准确，线缆预估长度与实际使用长度的误差必须在 10 米以内。

（5）现场勘查完成后，可在机房附近查看一下环境，如住宿、饮食等情况，为后面的施工团队铺好路。

注意：具体的工堪步骤在专业人员到工堪现场实际操作后才能更加清晰明了。

3.3.5 核对工勘表

（1）工勘表填写完成后，自己先核对一遍，然后找同事再帮忙核对一遍。

（2）内部核对完成后，以邮件的方式将工勘表发送给客户，然后约客户的项目经理一起再核对一次工堪表数据。

工勘表示例如图 3-7 和图 3-8 所示。

类别	确认项	信息来源	确认内容	确认信息
机房信息	机房名称	运营商	机房全名	四川移动东区IDC
	机房地址	运营商	精确到省-市-街-号	四川省成都市成华区建设南路81号中国移动无线音乐基地17号楼
	机房楼层	运营商	具体所在楼层	3楼
	机房房间	运营商	具体所在楼层房间号	201机房
	商务接口人	运营商	商务接口人联系方式:姓名-电话	商务接口人联系方式:姓名-电话*
	技术接口人	运营商	技术接口人联系方式:姓名-电话	王宇-18408265658
	值班电话	运营商	值班电话	15902857434
	卸货区域基本信息	运营商	同运营商前期沟通获取卸货区基本信息。	17号楼卸货门口
	货梯基本信息	运营商	同运营商前期沟通获取货梯基本信息。	17号楼卸货门口进门左转
	小推车基本信息	运营商	能否提供小推车	是,1辆
	打印机基本情况	运营商	是否有打印机,若否可以使用	否
网络信息	接入互联IP	运营商	提供上网互联IP地址	117.172.4.56/30 117.172.4.57(IDC端) 117.172.4.5
	互联光模块类型	运营商	运营商使用互联光模块类型,和互联ISP光纤类型(单模/多模)	单模1G_BASE_LR_SFP, LC-LC小方头, 1310nm, 10KM
	接入网段IP	运营商	百度主机使用IP网段	117.139.23.0-255
	光纤是否接入指定位置	运营商	光纤是否接入指定位置	是
	运营商网络配置	运营商	运营商网络是否配置完成	
机柜信息	机柜编号	运营商	机柜具体编号,排-列-序号	201-Q02
	机架编号规则	运营商	每个机柜01号机位在最上面还是最下面	每个机柜01号机架位在最下面
	机柜L型支架(托盘)	运营商	机柜内支撑服务器的L型支架(托盘)已安装并符合百度要求	是
	双路供电	运营商	每机架是否提供双路供电	是
	机柜用电	运营商	机柜单路情况下最大电流(安)	机柜单路情况下最大电流32(安)
	机柜用电	运营商	机柜双路供电下整机柜最大电流(安)	机柜双路供电下整机柜最大电流64(安)
	是否高压直流供电	运营商	运营商使用交流电还是直流电供电方式	交流供电
	直流供电情况	运营商	如为直流供电方式,为左正右负还是左负右正	如为直流供电方式,为左正右负还是左负右正
	市电情况	运营商	机房提供市电接入方式	双路一类市电
	机柜PDU数量	运营商	每机柜PDU数量,与PDU插口数量	2组×16口 32个c13-c14插口 电源线长度2米
	机柜PDU使用	运营商	确认PDU正常可使用,无特殊接入要求	正常
	机柜PDU型号	运营商	机柜PDU插口类型(10A或16A)	16A
托盘信息	机柜2U设备容量	运营商	单机柜可以放置的2U设备数量	11台
	托盘尺寸与服务器匹配	运营商	托盘尺寸与新服务器是否符合	是
	机柜托盘数量	运营商	每机柜可用托盘数量	11

图 3-7

卸货区域信息验证	运营商	验证实际到货当天现场拆装区域是否正常就绪,具备卸货空间和条件。验证卸货区域是否安全,与运营商和物业沟通到货当天运营商或者物业是否有影响正常卸货的风险操作(如空调清洗等)。如确认现场操作会对实际卸货安全产生影响,提前联系百度HSC、SYSNOC组	卸货区域空旷
货梯信息验证	运营商	询问运营商设备到货当天电梯是否可正常使用。评估电梯使用情况,确认到货当天电梯数量是否足够来确保到货装箱效率(如遇到当日电梯会被占用,或预估一个电梯不足以合理支持,提前联系百度HSC、SYSNOC组)	可用
测电区信息验证	运营商	是否可以提供可测电区域,测电区域可同时测电服务器数量	有,可同时支持2台
实际需要网线长度	实际测量	与运营商提供的长度是否一致	无特殊要求,强弱分离
布线要求	运营商	运营商对布线要求和规范描述	无特殊要求,强弱分离
光功率信息	运营商	ISP交换机到百度交换机链路光损耗(dbm)	无法提供
万兆节点布线环境调查	实际测量	Excel编制机柜摆放平面图,保存在"机柜摆放平面图"Sheet中	平面图
机柜上方桥架分类、规范	实际测量	机柜上方桥架如何分类,如:强电桥架、铜缆桥架、光纤槽道等,拍照存档;桥架如何规划,如并排、上下等,拍照存档;桥架规格尺寸、大小,拍照存档;	详情见图片
弱电桥架示意图	实际测量	在"机柜摆放平面图"Sheet中绘图说明弱电桥架走向、位置等信息	详情见平面图
弱电桥架距地面高度、距	实际测量	弱电桥架距地面高度、距机柜高度,拍照存档	距离地面220cm 机柜200cm
机柜长宽高信息	实际测量	机柜长宽高尺寸(单位cm)	高200cm 深100cm 宽60cm
机柜U数信息	实际测量	机柜U数信息,如46U	46U
机柜机位信息	实际测量	机柜2U或1U机位的数量,2U、1U机位的间距(cm)	3U 机架位11个
机柜支持服务器形式	实际测量	L型支架、托盘,拍照存档	详情见照片
机柜线缆固定方式	实际测量	理线板或理线环的位置、宽度(cm),拍照存档	详情见照片
机柜前后立柱间距	实际测量	机柜前后立柱间距(cm)	1.2米
机柜后立柱到PDU距离	实际测量	机柜后立柱到PDU距离(cm)	详情见照片
机柜PDU安装位置	实际测量	两侧或者一侧,拍照存档	详情见照片
机柜PDU情况	实际测量	机柜已安装PDU,测试是否正常供电	可以正常供电
机柜出线口大小	实际测量	机柜顶部用于走线出线的开口大小,拍照存档	详情见照片
小推车信息验证	运营商	确认小推车是否已预留可使用	可以使用
显示器键盘套装信息验证	运营商	机房可以提供使用的显示器键盘套装数量	1套
办公网环境	运营商	机房内可否上网,机房内各运营商手机信号状况(2G/3G)	信号良好
打印机情况	运营商	有打印机借用	无
工作时间	运营商	运营商机房是否24小时工作	否
运营商手续办理流程	运营商	运营商是否需要办理"填表/盖章/审批"等许可才可进行"加电/到货/上架"	是

图 3-8

本章练习

1. 工勘施工前的准备内容包括哪些？

2. 现场工程师需要勘察机房哪些方面的情况？

3. 若需要对两列共 22 个机柜进行施工勘察，为满足设备上架条件，现场工程师需要提前确认哪些必备项？

4. 工勘时需要注意哪些细节？

第 **4** 章　带外管理系统实施

学习本章内容,可以获取的知识:

- OOBI 管理系统
- 机房管理线布放工艺与流程
- 机房管理交换机水晶头制作
- 带外管理系统线缆汇聚工艺

本章重点:

△ 交换机管理线布放
△ 管理线绑扎

4.1　带外管理概述

4.1.1　带内管理与带外管理

　　从专业的角度来看,网络管理可分为带外管理(out-of-band)和带内管理(in－band)两种管理模式。当企业网络建成后,网络上会传输各种企业业务数据,如果网络出现问题,仍然通过这个网络来排除故障。

　　目前我们使用的网络管理模式基本上都是带内管理,即管理控制信息与数据信息使用同一物理通道进行传送。例如,我们常用的 HP OpenView 网络管理软件就是典型的带内管理系统,数据信息和管理控制信息都是通过网络设备以太网端口进行传送。

　　带内管理的最大缺陷在于当网络出现故障中断时数据传输和系统管理都无法正常进行。

　　带外管理的核心理念在于通过不同的物理通道传送管理控制信息和数据信息,使两者完全独立,互不影响。

　　如果我们把网络管理比喻成街道,那么带内管理就是一条人行道和机动车道共用的街道;而带外管理就是一条人行道和机动车道分开的街道,当街道上的机动车道出现障碍物并造成机动车无法正常行驶时,可以通过人行道去把障碍物移走来恢复机动车道的正常通行。

简单地说,带外管理就是一条便捷、安全、独立的快速通道。当平时不堵车时,不会感觉到道路的拥挤、时间的紧张。一旦发生堵车,很多人都恨不得花更多钱来开辟一条快车道。而带外管理就是这条快车道,一旦网络系统发生故障,用户可以随时运用这条快车道,以最短的时间、最少的精力降低甚至避免经济损失。所以带外管理是互联网系统的必要架构之一。

4.1.2 带外管理系统的组成

带外管理系统是基于国际先进的 OOBI 带外管理架构研发的新一代网络集中管理系统,它通过独立于数据网络之外的专用管理通道对机房网络设备(路由器、交换机、防火墙等)、服务器设备(小型机、服务器、工作站)以及机房电源系统进行集中化整合管理。

带外管理系统(网络综合管理系统)由控制台服务器(网络设备管理维护系统)、远程KVM(计算机设备管理维护系统)、电源管理器(机房电源管理系统)和网络集中管理器(网络集中综合管理系统)四部分组成,如图 4-1 所示。

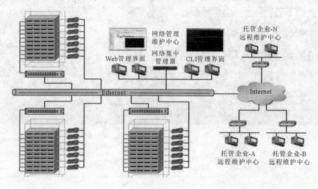

图 4-1

带外管理系统的结构如图 4-2 所示。

网络布局采用星型结构,即在所有的网络节点放置高级控制台服务器(ACS),通过 ACS连接该节点内所有网络设备的 Console 口和服务器的串口。在网管中心放置一台 Manager,用于管理所有 ACS,提供带外网管设施的集中访问入口。Manager 和 ACS 通过专线方式单独组网。带外网管网络独立于运营商的运营网络,因此不会受到运营网络状况的影响。

带外网管的组网方式可以采用 ADSL 专线、EDSL 专线、SDH 专线、FR 专线等。在电信运营商的骨干网络,除了专线组网方式外,还可以考虑两个运营网络互为备份来组建带外网络。

若无法通过网络正常访问设备,网管中心的工程师也通过 Web 界面或命令行方式访问Manager 就可以管理网络中的所有设备。利用这种方式,工程师解决问题就不用到现场处理了,降低了解决故障的时间成本。

Manager 可以实现对所有网络设备的集中访问控制,对所有通过 Manager 登录的用户行为都可以以日志的形式记录下来,对所有由带外网管系统管理的设备通过 Console 接口的报警均可以向网管中心发出告警。通过在 Manager 和 ACS 上设置不同的用户组和权限,可以把网管工程师分成不同的组来维护不同的设备。

对于 DCN 网络未覆盖到的节点机房,可以采用"传输+PSTN 备份"的接入方式。网管

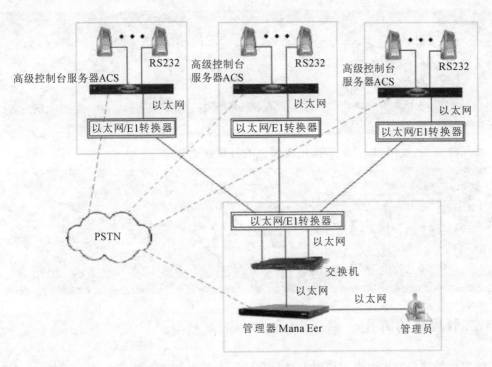

图 4-2

中心与各机房的网络联接使用机房内 E1 线路的一个 64K 时隙。在每个机房与网管中心之间放置一对"Ethernet 协议在 E1 链路"的封装设备,此设备的 Ethernet 端口连接 ACS 的 Ethernet 端口,E1 端口连接机房的 E1 线路。此星型结构提供从各机房到网管中心的 IP 链路,以 PSTN 网作为备份链路。

4.2 交换机管理线布放

交换机的管理线分为两类:① 管理网交换机的管理线(简称 OOB);② 业务交换机的管理线(简称 ACS)。

ACS 和 OOB 都采用非成品铜缆(规格箱装铜缆,一箱 305 米),其长度都是根据现场测量结果确定的。具体的测量方法:标准 IDC 机房里,地板砖的规格都是 60 cm×60 cm,到达现场后,先确定铜缆的走线路径,然后将走线路径垂直投影到地板上,数出地板的格数(用 A 表示),需要的铜缆长度 $L=A×0.6$(单位为米,不足 1 米的按 1 米计算),实际施工过程中铜缆左右两端各需要冗余 2 米。

所需 ACS 和 OOB 铜缆数量是根据现场交换机数量确定的。一台管理网交换机(简称 OSW)需要一条 OOB 铜缆;一台业务交换机(简称 ASW)需要一条 ACS 铜缆。

计算好铜缆的数量和长度后,就可以领材料、剪线了,这个工作一般需要两人配合完成;一人写号并固定线箱,另一人拉线并计量线的长度。

> **注意：**
>
> （1）写号的方法：本端机柜号＋设备名称＋端口号——对端机柜号＋设备名称＋端口号（如果线缆跨机房了，还需要加上机房名称）。
>
> （2）拉线的场地最好在机房内，方便计量线缆长度。
>
> （3）每拉完一排线缆，用扎带将其绑扎好，方便后续线缆上架。
>
> （4）OOB 线缆和 ACS 线缆要分开。

线缆拉完后，就可以上架了，按照线缆上的号依次上架。

> **注意：**
>
> （1）线缆要走弱电桥架，严禁和强电线缆混杂。
>
> （2）线缆不能压着光纤及光缆行走。
>
> （3）OOB 及 ACS 要分开。
>
> （4）设备两端要预留足够长的线缆。

4.3　管理线的绑扎

管理线的绑扎工作主要在桥架上进行。施工人员在桥架上施工时离地面较高，首先需要注意自己的安全，然后需要注意以下事项：

（1）OOB 和 ACS 线缆分开绑扎。

（2）两根扎带之间的距离大约为 15 cm（线缆较多时为 10 cm）。

（3）每三根扎带固定一次（线缆固定在桥架上）。

（4）线缆的走向要做到横平竖直，不要弯曲。

（5）OOB 和 ACS 线缆保持水平平行，ACS 线缆走外面。

4.3.1　水晶头的制作

制作水晶头前，可以先把设备两端多余的线缆剪掉（剪之前要先量好要剪的长度，并在要剪的位置重新写好号）。

1. 制作方法

（1）用剥皮刀剥掉 2～3 cm 线缆的外皮（对于 6 类线缆还需要剪掉里面的防屏蔽毛絮）。

（2）将线缆里面的 4 股铜线拧开，按照标准 TIA-568-B 规定的线序（白橙、橙、白绿、蓝、白蓝、绿、白棕、棕）将其排好并拉直。

（3）用剪刀将铜线头剪齐，然后将剪齐的铜线头插入水晶头里面。

（4）用压线钳压紧水晶头。

2. 注意事项

（1）在剥皮过程中要注意力度，不能损伤里面的铜线外皮。

（2）将铜线插入水晶头的时候，水晶头带卡扣的一面朝下。

（3）压紧水晶头前，需检查铜线是否抵到水晶头前端的铜片。

（4）用压线钳压紧水晶头时不能用力过猛。

（5）OOB 线缆两端的线序一样，均为 TIA-568-B 规定的线序；ACS 线缆一端为 TIA-

568-B 规定的线序,另一端正好相反,线序为棕、白棕、绿、白蓝、蓝、白绿、橙、白橙。

3. 质量要求

水晶头的质量直接影响着网线的连通性,故水晶头制作是整个综合布线工程中的重要环节,制作完毕后的水晶头一般需要达到以下要求:

(1) 水晶头外观完好,无破损,其锁定弹片无断裂。

(2) 水晶头与网线连接牢固,网线包皮被水晶头卡住,无松动现象。

(3) 所有水晶头制作的完成效果需一致,制作好的水晶头不能风格迥异。

(4) 所有水晶头必须通过连通性测试(具体测试要求后面介绍)。

4.3.2 铜缆布线施工工艺

1. 走线架桥上布线

走线架桥上布线如图 4-3 所示。

图 4-3

2. 机柜内布线

服务器端机柜内布线如图 4-4(a)所示,配线架机柜内布线如图 4-4(b)所示。

(a)

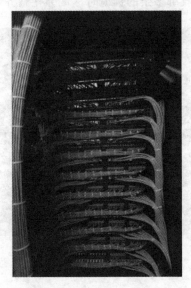

(b)

图 4-4

3. 交换机端布线

收整线缆插入交换机,这个步骤相当于是在机柜内部布线的最后一步,也是操作较烦琐、问题较多的一步。

收整线缆插入交换机的方法及要求:

(1) 跨架铜缆和本架铜缆汇集时,保持 Y 字形状态,找准固定位置。

(2) 铜缆汇集后应该绑扎平整,横向绑至机柜内存边沿。

(3) 铜缆绑扎到机柜中部位置时固定一次,绑扎到机柜前部时再固定一次。

(4) 按照规定交换机安装高度(36 U 以上)安放铁片卡扣(4 颗)。理线器应放至交换机上方 1 cm 处,处安放铁片卡扣(4 颗)。

(5) 在插交换机时应理顺铜缆,从铜缆未绑扎处一根一根将顺至水晶头处,而后按照铜缆上线号依次从理线器口插入交换机对应的位置。

(6) 所有铜缆插入完毕后进行线圈的绑扎,绑扎时应捋顺线圈弧度,固定理线器时绑扎两根扎带。

(7) 绑扎线圈时线圈弧度必须一致,保证线圈圆滑。

(8) 线圈绑扎完毕后,从右至左依次绑扎理线器内侧铜缆,而后将多余铜缆塞至托盘及机柜夹缝间。

4. 注意事项

(1) 机柜内部铜缆的固定及理线器上线圈的固定必须牢固,避免因用力拉扯而造成铜缆扭曲,如图 4-5 所示。

(2) 铜缆插入交换机时应认真识别铜缆线号,避免误插或不能确定而造成后期返工。

(3) 收绑多余的铜缆时尽量绑扎整齐,较好地隐藏铜缆。

图 4-5

4.4　线缆汇入机柜内的绑扎

1. 接入层交换机机柜内的绑扎

将多余的线缆盘成一个小线圈,固定在机柜内,并稍加隐藏,注意美观,如图 4-6 所示。

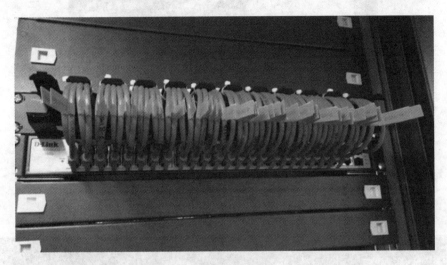

图 4-6

2. OOB 及 ACS 汇聚交换机机柜内的绑扎

按照顺序依次绑扎机柜内部线缆,要求不交叉,将多余的线缆往机柜顶部捋并盘圈放在机柜顶部,注意隐藏。

OOB 端交换机线缆绑扎如图 4-7 所示。OOB 机柜后端余线绑扎如图 4-8 所示。

图 4-7

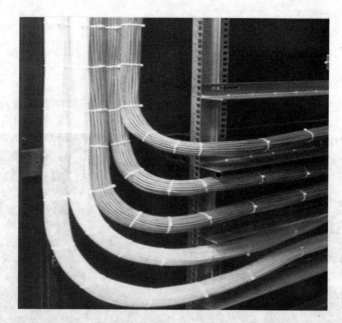

图 4-8

本章练习

1. 什么是 OBBI?
2. 如何进行交换机管理线的布放?
3. 如何帮扎带外管理系统交换机端的线缆?
4. 线缆汇聚时需要注意哪些细节?

第 **5** 章　视频监控系统

学习本章内容，可以获取的知识：
- 全方位了解视频监控系统，熟悉视频监控系统的特点
- 熟悉视频监控系统的设备和线缆类型
- 熟练掌握视频监控系统设备的安装流程
- 熟悉视频监控系统的工程案例

本章重点：
- △ 视频监控系统的设备、功能和应用
- △ 视频监控系统的组成

5.1　视频监控系统概述

视频监控是安全防范系统的重要组成部分。传统的视频监控系统包括前端摄像机、传输线缆、视频监控平台。

摄像机可分为网络数字摄像机和模拟摄像机，可进行前端视频图像信号的采集。视频监控系统是一种防范能力较强的综合系统。视频监控系统以其直观、准确、及时和信息内容丰富的优点而广泛应用于许多场合。近年来，随着计算机、网络以及图像处理技术、传输技术的飞速发展，视频监控技术也有了很大的发展。

最新的视频监控系统可以使用智能手机担当，同时可以对图像进行自动识别、存储和自动报警。视频数据通过 3G、4G、WiFi 网络传回控制主机（也可以是智能手机担当），主机可对图像进行实时观看、录入、回放、调出及储存等操作，从而实现移动互联的视频监控。

从技术角度出发，视频监控系统的发展可以划分为第一代模拟视频监控系统（CCTV）、第二代基于"PC＋多媒体卡"的数字视频监控系统（DVR）和第三代完全基于 IP 网络的视频监控系统（IPVS）。

5.1.1　模拟视频监控系统

20 世纪 90 年代以前，以模拟设备为主的闭路电视监控系统，称为第一代模拟视频监控

系统。图像传输用视频电缆,以模拟信号传输,传输距离不能太远,适合小范围内的监控,获得的监控图像在控制中心查看。主要设备包括前端摄像机、后端视频矩阵、监视器、录像机等,利用视频传输线将来自摄像机的视频连接到监视器上,利用视频矩阵主机对画面进行分割,采用控制键盘对图像进行控制,采用使用磁带的录像机进行长时间录像。传统的模拟视频监控系统有一定的劣势:

(1) 模拟视频信号的传输距离较短。

(2) 模拟视频监控范围比较局限,并且布线工程量大。

(3) 模拟视频信号数据的存储会耗费大量存储空间,并且不易保存。

5.1.2　数字视频监控系统

1. DVR 时代

20 世纪 90 年代中期,基于 PC 的多媒体监控系统随着数字视频压缩编码技术的发展而产生了。该系统在远端有若干个摄像机、各种检测与报警探头和数据设备,将获取到的图像信息通过各自的传输线路汇接到多媒体监控终端上,然后再通过通信网络将这些信息传到一个或多个监控中心。监控终端机可以是一台 PC 机,也可以是专用的工业控制机。

这种半模拟-半数字视频监控系统,目前在一些小型的、要求比较简单的场所用的比较广泛。随着技术的发展,工业控制机变成了嵌入式硬盘录像机,硬盘录像机的性能较好,可无人值守,还有网络功能。

2. DVS 时代

DVS 是以视频网络服务器和视频综合管理平台为核心的数字化网络视频监控系统。DVS 是基于嵌入式的网络数字监控系统,它把摄像机输出的模拟视频信号直接转换成数字信号。嵌入式视频编码器的功能有视频编码、网络传输、自动控制等。DVS 可以直接连入以太网,省掉了各种复杂的电缆,具有灵活方便、即插即看等特点,使得监控范围达到前所未有的广度。

数字视频监控系统的优势:

(1) 数字化视频可以在计算机网络(局域网或广域网)上传输图像数据,不受距离限制,信号不易受干扰,可大幅度提高图像品质和稳定性。

(2) 数字化视频可利用计算机网络联网,网络带宽可复用,无须重复布线。

(3) 数字化存储成为可能,经过压缩的视频数据可存储在磁盘阵列中或保存在光盘、U盘中,查询十分简便、快捷。

5.1.3　第三代视频监控系统

第三代视频监控系统是完全使用 IP 技术的视频监控系统。该系统的优势是摄像机内安装有 Web 服务器,并提供以太网接口。摄像机内集成了各种协议,通过普通浏览器可直接访问摄像机。这些摄像机生成 JPEG 或 MPEG-4 数据文件,供任何已授权客户机从网络中任何位置访问、监视等。更具高科技含量的是,该系统可以通过 3G 网络实现无线传输,用户可以通过笔记本、手机、PDA 等无线终端设备随处查看视频。

5.2 视频监控系统的组成及应用

　　视频监控系统由前端采集部分、传输部分、控制与记录部分以及显示部分四大部分组成，其组成如图 5-1 所示。每一部分又含有更加具体的设备或部件。

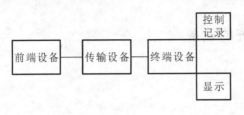

图 5-1

5.2.1 前端采集部分

　　在视频监控前端由摄像机负责对画面进行采集，摄像部分是监控系统的前沿部分，是整个系统的"眼睛"。在被监视场所的面积较大时，在摄像机上加装变焦距镜头，使摄像机能观察得更远、更清楚；把摄像机安装在云台上，可以使云台带动摄像机进行水平和垂直方向的转动；为了防尘、防雨、抗高低温、抗腐蚀等，对摄像机及其镜头还应加装专门的防护罩，甚至对云台也要采取相应的防护措施。摄像机有黑白、彩色之分。摄像机按外形可分为半球机、普通枪机、球机等，球机又分为匀速球机、高速球机和智能高速球机等，目前还有集成了网络协议的网络摄像机。

5.2.2 传输部分

　　目前，在监控系统中用的传输介质是同轴电缆、双绞线、光纤等。

　　同轴电缆直接传输模拟信号，其优点是短距离传输图像信号时损失小、造价低廉、系统稳定，其缺点是传输距离短，传输 300 米以上无法保证图像质量；一路视频信号需布一根电缆，传输控制信号需另布电缆；布线量大、维护困难、可扩展性差，适合小系统。

　　双绞线一般指网线，其抗干扰能力远比同轴电缆好，而且通过对视频信号的处理，其传输的图像信号也比同轴电缆清晰，网线之间不会相互干扰。其优点是布线简易、成本低廉、抗干扰性能强。其缺点包括只能进行 1 km 以内的监控图像传输，不适合应用在大中型监控系统中；质地脆弱、抗老化能力差，不适于野外传输。

　　光纤代替同轴电缆、双绞线进行视频信号的传输，给电视监控系统提供了高质量、远距离传输的有利条件。

5.2.3 控制与记录部分

　　控制与记录部分负责对摄像机及其辅助部件（如镜头、云台）的控制，并对图像、声音信号进行记录。目前，DVR 技术很成熟，它可以记录图像和声音，还可以进行画面分割和切换、控制前端云台等。采集到的视频数据可以存储在磁盘阵列中，记录时间更长。

5.2.4　显示部分

　　显示部分一般由几台或多台监视器组成。目前液晶监视器正逐步取代传统的 CRT 监视器。在摄像机数量不是很多、要求不是很高的情况下,一般直接将监视器接在硬盘录像机上即可。专用监视器价格较贵,可用普通电视机来替代,但电视机不适宜 24 小时开机。

5.3　视频监控系统的设备

5.3.1　摄像机

　　在视频监控系统中,摄像机是最前端、最基础、投资最大的一个产品,也是最关键设备,它负责对监视区域进行摄像并将图像信号转换成电信号,其质量直接影响视频监控系统的整体应用,同时还关系到工程造价。严格来说,摄像机是摄像头和镜头的总称,摄像头与镜头大多是分开购买的,所以每个用户需要的镜头都是依据实际情况而定的。

　　摄像机的分类如下:

　　(1) **按传感器类型分类**:CCD 摄像机、CMOS 摄像机。

　　(2) **按功能分类**:普通型摄像机、日夜型摄像机、红外摄像机。

　　(3) **按清晰度分类**:标清摄像机、高清摄像机。

　　(4) **按传输方式分类**:模拟摄像机、网络摄像机。

　　(5) **按外形分类**:枪机、球机、红外一体机,如图 5-2 所示。

枪机　　　　　　　球机　　　　　　红外一体机

图 5-2

　　1. 摄像机的结构

CCD、CMOS 都是摄像设备采用的成像器件,它们的主要功能是把光信号转换为电信号。

CCD(charge coupled device):电荷耦合器件。

CMOS(complementary metal-oxide semiconductor):互补性金属氧化物半导体。

CCD、CMOS 的区别:相同技术条件下,CCD 传感器在灵敏度、分辨率以及噪声控制等方面均优于 CMOS 传感器,而 CMOS 传感器则具有低成本、低耗电以及高整合度的特性。

　　2. 摄像管

摄像管是老式电视摄像机中将图像的光信号转换成电视信号的专用电子束管。

　　3. 云台

摄像机的云台是由两个交流电机组成的安装平台,可以进行水平或者垂直运动,可以通过控制系统远程控制其转动和移动方向的。

　　云台有如下分类:

（1）按安装环境分为室内云台和室外云台，室外云台密封性能好，能防水、防尘，且负载大。

（2）按安装方式划分为吊装云台和侧装云台，吊装云台安装在天花板上，侧装云台安装在墙壁上。

（3）按照承载重量分为轻载云台、中载云台和重载云台。

4. 支架及护罩

1）支架

普通支架有短的、长的、直的、弯的，根据不同的要求选择不同的型号。室外支架主要考虑负载能力是否合乎要求，还要考虑安装位置，很多室外摄像机的安装位置特殊，有的安装在电线杆上，有的安装在铁架上。制作支架的材料有塑料、金属镀铬、压铸。支架多种多样，根据使用环境和结构的不同，主要分为以下几类。

天花板顶基支架，一端固定在天花板上，另一端为可调节方向的球形旋转头或可调节倾斜度的平台，以便摄像机对准不同的方位。有直管圆柱形和 T 形之分。

墙壁安装型支架，一端固定在墙壁上，其垂直平面用于安装摄像机或云台。无云台的摄像机系统，其摄像机可以直接固定在支架上，也可以固定在支架上的球形旋转接头或可调倾斜度平台上。

墙用支架和安装连板可构成墙角支架，墙角支架加上圆柱安装连板，可将摄像机安装在圆柱杆上。

2）防护罩

防护罩主要分为室内和室外两种，其功能主要是防尘、防破坏。防护罩能保证雨水不进入防护罩内部侵蚀摄像机。有的室外防护罩还带有排风扇、加热板、雨刮器，可以更好地保护设备。摄像机防护罩的选择，首先是要包容所使用的摄像机和镜头，并留有适当的富余空间，其次是依据使用环境选择适合的防护罩类型，在此基础上，将包括防护罩及云台在内的整个摄像前端的重量累计起来，选择具有相应承重值的支架。还要看整体结构，安装孔越少越利于防水，再看内部线路是否便于连接，最后还要考虑外观、重量、安装座等。防护罩的材料主要有铝、合金、挤压成型、不锈钢等。

为了更好地保护摄像机，在室内或者室外安装时，应尽可能安装防护罩，需要转动摄像机时需安装云台。根据不同的安装位置选择不同的支架。带防护罩、云台和支架的摄像机的安装效果示意图如图 5-3 所示。

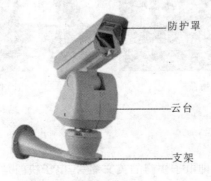

防护罩

云台

支架

图 5-3

5.摄像机的部分主要参数

1）镜头

镜头是摄像机的眼睛。为了适应不同的监控环境和要求，摄像机需要配置不同规格的镜头。比如，在室内的重点监视，要进行清晰且大视场角度的图像捕捉，得配置广角镜头；在室外停车场的监视，既要看到停车场全貌，又要看到汽车的细部，这时候需要配置广角和变焦镜头。

2）清晰度

清晰度是由摄像器件的像素大小决定的，摄像器件的像素越大，得到的图像越清晰，清晰度越高。

3）最低照度

最低照度是指当被摄景物的光亮度低到一定程度，使摄像机输出的视频信号的电平低到某一规定值时的景物光亮度值。最低照度越小，摄像机档次越高。

4）自动增益控制（AGC）

AGC（automatic cain control）即自动增益控制的英文缩写。所有摄像机都有一个将来自电耦合器件 CCD（charge coupled device）的信号放大到可以使用水准的视频放大器，信号放大量即增益，等效于摄像机有较高的灵敏度，可使其在微光下灵敏，然而在亮光照的环境中视频放大器将过载，使视频信号畸变。为此，需利用摄像机的自动增益控制（AGC）电路去探测视频信号的电平，适时地开关 AGC，从而使摄像机能够在较大的光照范围内工作，即在低照度时自动增加摄像机的灵敏度，从而提高图像信号的强度来获得清晰的图像。

5）背光补偿（BLC）

背光补偿也称作逆光补偿或逆光补正，它可以有效补偿摄像机在逆光环境下拍摄时画面主体黑暗的缺陷。当引入背光补偿功能时，摄像机仅对整个视场的一个子区域进行检测，通过求此子区域的平均信号电平来确定 AGC 电路的工作点。由于子区域的平均电平很低，AGC 放大器会有较高的增益，使输出视频信号的幅值提高，从而使监视器上的主体画面明朗。此时的背景画面会更加明亮，但其与主体画面的主观亮度差会大大降低，整个视场的可视性得到改善。使用背光补偿的前后效果如图 5-4 所示。

(a) 使用前

(b) 使用后

图 5-4

6）电子快门（ES）

ES（electronic shutter）即电子快门的英文缩写，电子快门是对比照相机的机械快门功能提出的一个术语，它相当于控制 CCD 图像传感器的感光时间。根据人眼的视觉暂留特性，为了确保看到的图像是连续的，且实际应用中环境中的光线可能会很强，这个时候可能需要控制进光量,这时就需要控制快门速度,速度越快,光线能够进入人眼的时间就越短,进光量就越少,相对来说,图像就会显得比较暗,反之快门速度越慢,图像就会越亮。

5.3.2 监视器

监视器作为视频监控系统的终端显示部分,发挥着重要的作用,它把图像最大限度地显示出来,以供监控人员作为工作依据,它的好坏直接影响到整个视频监控系统的效果。监视器经历了从黑白到彩色,从普通到不闪烁,从 CRT(阴极射线管)到 LCD(液晶)的发展过程,每个过程都发生了很大的飞跃。从黑白到彩色,使得监控的单调图像迈向了逼真的彩色世界;从普通到不闪烁,给监控工作人员带来了健康。

1. CRT 监视器

普通的 50 Hz 系列产品有不同尺寸的屏幕:14 英寸、15 英寸、25 英寸等。普通的监视器如图 5-5 所示,其图像分辨率低、层次不分明、色彩不鲜艳,还原出来的图像不逼真。其主要缺点是图像闪烁,尤其是组成屏幕墙时显得更为严重,长时间观看会造成眼睛的疲劳且影响注意力,造成漏情。

图 5-5

2. 液晶系列

由于液晶监视器具有十分明显的优点和越来越低的价格,故液晶监视器越来越多地在监控系统中使用,液晶监视器如图 5-6 所示。目前国内企业生产的专业液晶监视器主要有以下分类及特点。

图 5-6

（1）按尺寸分为小型液晶监视器、中型液晶监视器和大型液晶监视器三种：

小型液晶监视器一般包括 17"、19"、20"。

中型液晶监视器包括 22"、26"、32"、37"、40"、42"、46"。

大型液晶监视器包括 52"、55"、70"、82"等。

（2）根据采用的液晶屏的特点分为普通液晶监视器和高亮液晶监视器、高分辨率液晶监视器。

液晶监视器增加了 DVI（数字视频接口），满足了前端数字视频信号的传输应用。有的液晶监视器将 DVI 接口升级为 HDMI（高清晰度多媒体接口），HDMI 接口的特点是传输距离远、速度更快、支持更高带宽的数字信号传输。

液晶监视器具有超薄超轻设计、使用方便、美观、能耗低、无辐射、节能环保等优点。随着技术的发展，液晶屏的使用寿命可达 6 万小时以上。

3. 大屏幕拼接系统

目前采用的大屏幕拼接系统主要有 LCD（液晶）、DLP（背投）、PDP（等离子）三种，已经成为应用于各种大型集中监控指挥中心的大面积、高清晰度、多画面的大型终端显示系统，如图 5-7 所示。

图 5-7

三种大屏幕拼接系统的优缺点如下所述。

（1）LCD 液晶拼接系统的优点：高清、高亮、高色域；可任意选择拼接组合；维护成本极低，稳定运行时间长；坚固、美观和很薄的墙体设计；灵活多变的拼接显示功能；屏幕不会灼伤。其主要缺点是有拼接缝。

（2）DLP 背投拼接系统的优点：显示单元有多种尺寸可选，如 50 英寸、60 英寸、67 英寸、80 英寸、84 英寸；拼接缝为 0.5 mm，在较远距离时看不出拼接缝，可认为是实现了无缝拼接；屏幕不会灼伤；智能数字色彩调整；智能数字亮度调整；有防尘、散热技术等。其主要缺点是亮度低、色彩饱和度差、箱体厚、灯泡使用寿命短、维护成本高。

（3）PDP 等离子拼接系统的优点：亮度和对比度很好、图像的色彩饱和度很高、拼接缝一般为 5 mm，拼接墙可以做得很薄。但是，等离子拼接系统的最大缺点是面板灼伤严重，尤其是在长时间显示静止图像的情况下，面板上会留下明显的图像。其另一个缺点是屏幕使用寿命仅有 5000～10000 小时。

5.3.3 其他设备

1.数字硬盘录像机

硬盘录像机(digital video recorder)即数字视频录像机,简称为硬盘录像机、DVR,如图5-8所示,采用硬盘录像。DVR采用的是数字记录技术,在图像处理、图像储存、检索、备份以及网络传递、远程控制等方面远远优于模拟监控设备,DVR代表了电视监控系统的发展方向,是目前市面上电视监控系统的首选产品。目前市面上的主流DVR采用的压缩技术有MPEG-2、MPEG-4、H.264、M-JPEG,而MPEG-4、H.264是国内常见的压缩方式。摄像机输入路数有1路、2路、4路、6路、9路、12路、16路、32路等。总的来说,DVR按系统结构可以分为两大类:基于PC架构的PC式硬盘录像机和脱离PC架构的嵌入式硬盘录像机。

图5-8

1) PC式硬盘录像机(DVR)

这种架构的DVR以传统的PC机为基本硬件,以Windows 98、Windows 2000、Windows XP、Vista、Linux为基本软件,配备图像采集卡或图像采集压缩卡,编制软件成为一套完整的系统。PC机是一个通用的平台,它的硬件更新换代速度快,因而PC式硬盘录像机的产品性能提升较容易,软件修正、升级也比较方便。PC式硬盘录像机各种功能的实现都依靠各种板卡来完成,比如视音频压缩卡、网卡、声卡、显卡等,这种插卡式系统在系统装配、维修、运输过程中很容易出现不可靠的问题,不能用于工业控制领域,只适合于对可靠性要求不高的商用办公环境。

2) 嵌入式硬盘录像机(EM-DVR)

嵌入式系统一般指非PC系统,指有计算机功能但又不称为计算机的设备或器材。嵌入式硬盘录像机就是基于嵌入式处理器和嵌入式实时操作系统的嵌入式系统,它采用专用芯片对图像进行压缩及解压、回放。嵌入式操作系统主要用于完成整机的控制及管理,此类产品没有PC式硬盘录像机那么多的模块和多余的软件功能,在设计制造时对软、硬件的稳定性进行了针对性的规划,因此此类产品品质稳定,不会有死机的问题产生,而且在视音频压缩码流的储存速度、分辨率及画质上都有较大的改善,就功能来说丝毫不比PC式硬盘录像机逊色。嵌入式DVR系统建立在一体化的硬件结构上,整个视音频的压缩、显示、网络等功能全部可以通过一块单板来实现,大大提高了整个系统硬件的可靠性和稳定性。硬盘录像机的主要功能包括:监视功能、录像功能、回放功能、报警功能、控制功能、网络功能、密码授权功能和工作时间表功能等。

2.网络视频服务器

网络视频服务器(DVS,digital video server),又叫数字视频编码器,是一种用于压缩、处理音视频数据的专业网络传输设备,主要提供视频压缩或解压功能,完成图像数据的采集,目前比较流行的基于 MPEG-4 或 H.264 的图像数据压缩方式通过 Internet 网络传输数据以及进行音频数据的处理。

网络视频服务器主要用于实现模拟视音频信号的 IP 化,其主要原理是内置一个嵌入式 Web Server,采用嵌入式即时多任务操作系统,前端模拟摄影机传送过来的视频信号经视频服务器数字化之后,由高效压缩芯片压缩,同时由内部总线传送到内置的 Web Server。每个网络视频服务器均有一个 IP 地址,支持的网络协议:TCP/IP、UDP、DHCP、HTTP、RTP。网络用户通过授权后可以用客户端软件远程监看、控制、设置、抓拍本地录像摄影机的图像,网络摄像机和视频服务器可以在世界上的任何一个角落透过 Internet 进行远端监控,免去了复杂的网络配置和布线工作,大大减少了工程成本,在远距离集中监控环境中起到了不容忽视的作用。

3. 解码器

解码器(见图 5-9)是视频监控系统的硬件解码单元,它将数字视频监控信号解码成模拟信号,并输出到显示设备。目前解码器配合控制键盘或者视频管理中心平台可以轻松地实现视频画面的定点切换、编组切换、循环切换、预案执行、报警联动等多种显示方式,能够灵活构建高清显示平台。解码器在实现对数字视频信号解码、输出的同时,还能够将任意信号拼接成高分辨率的 VGA 信号并进行单路输出。

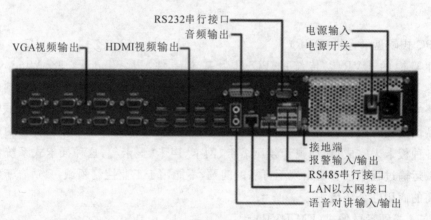

图 5-9

4. 矩阵

矩阵是指能从多路信号源中同时挑选出多路信号送给不同显示或监听的设备,是多输入单输出切换器和单输入多输出分配器的有效结合,如图 5-10 所示。

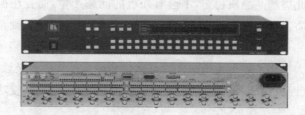

图 5-10

矩阵切换器支持所有的输入到所有的输出。

控制方式:面板按键控制、串口控制、IP 控制、红外控制。

音视频矩阵对音视频信号一般有三种切换模式:视频切换、音频切换、音视频同步切换。

音视频矩阵信号间的切换有三种类型:机械式、电子式、场间。

分类:RGBHV、色差、S 端子、复合视频、SDI、HDMI、DVI、音频。

5. 画面分割器

画面分割器(见图 5-11)又称监控用画面分割器,有 4 分割、9 分割、16 分割几种,可以在一台监视器上同时显示 4、9、16 个摄像机的图像,并可以将图像送到录像机上记录。4 分割是最常用的设备,其性价比较好,图像的质量和连续性可以满足大部分要求。9 分割和 16 分割的价格较贵,而且分割后每路图像的分辨率和连续性都会下降,录像效果不好。另外,还有 6 分割、8 分割、双 4 分割设备,但其图像比率、清晰度、连续性并不理想,市场使用率很低,大部分分割器除了可以同时显示图像外,还可以显示单幅画面、叠加时间和字符、设置自动切换、连接报警器材等。

图 5-11

5.3.4 传输介质

视频监控系统中,信号的传输是非常重要的一环,需要传输的信号主要有两个:一个是视频信号,另一个是控制信号。其中,视频信号是从前端摄像机传向控制中心;而控制信号则是从控制中心流向前端摄像机(包括云台等受控对象)。目前,视频监控系统中用的传输介质是同轴电缆、双绞线、光纤等。对于不同场合、不同传输距离,需要选择不同的传输介质。

1. 同轴电缆传输

视频基带信号就是通常讲的视频信号,它的带宽是 0～6 MHz。信号频率越高,衰减越大,设计时一般只需要考虑保证高频信号的幅度就能满足系统的要求,一般来讲,75-3 电缆可以传输 150 米、75-5 电缆可以传输 300 米、75-7 电缆可以传输 500 米。对于更远距离的传输,可以采用视频放大器等设备对信号进行放大和补偿,这样可以传输 2～3 公里。

2. 双绞线传输

双绞线在这里一般指的是超五类网线,与使用同轴电缆相比,该传输介质的优势越来越明显:

(1) 布线方便,线缆利用率高。一根普通超五类网线内有四对双绞线,可以同时都用来传输视频信号,一共可以传输四路信号,且信号间干扰较小,而且网线比同轴电缆更好铺设。

(2)价格便宜,性价比高。普通超五类网线的价格相当于75-3视频线,室外防水超五类网线的价格相当于75-5视频线,但网线能够在同一时间传输多路信号。

(3)传输距离远,传输效果好。

(4)抗干扰能力强。双绞线传输采用差分传输方法,其抗干扰能力大于同轴电缆。

双绞线传输虽然具有以上优点,但是在使用中也应当注意以下问题:

(1)一般选用国产超五类网线,每根网线内有8芯,每芯的直流电阻值应小于15欧/百米。

(2)室外布线尽可能选用室外阻水网线,虽然价格高了些,但可靠性可以保证。

(3)在干扰性特强的地方,建议选用屏蔽网线或在普通网线外套金属管。

3.光纤传输

用光纤代替同轴电缆、双绞线进行视频信号的传输,给电视监控系统提供了高质量、远距离传输的有利条件。先进的传输手段、稳定的性能、较高的可靠性和多功能的信息交换网络还可以为以后的信息高速公路奠定良好的基础。

光纤传输的优点如下:

(1)传输距离长。现在单模光纤每公里衰减可以做到0.2 dB以下,是同轴电缆每公里损耗的1%。

(2)传输容量大。通过一根光纤可以传输几十路以上的信号。如果采用多芯光纤,则传输容量成倍增长。这样,用几根光纤就可以完全满足相当长时间内对传输容量的要求。

(3)传输质量高。由于光纤传输不像同轴电缆传输那样需要相当多的中继放大器,因而没有噪声和非线性失真叠加。同时,光纤系统的抗干扰性能强,基本上不受外界温度变化的影响,从而保证了传输信号的质量。

(4)抗干扰性能好。光纤传输不受电磁干扰,可以应用于有强电磁干扰和电磁辐射的环境中。

目前,常用的光纤按模式分有两大类:多模光纤和单模光纤。多模光纤用于视频图像传输时,只能满足最远3~5 km的传输距离,并且对视频光端机的带宽(针对模拟调制)和传输速率(针对数字式)有较大的限制,一般适用于短距离、小容量、简单应用的场合。由于具有优异的特性和低廉的价格,单模光纤已经成为当前光通信传输的主流产品,但其光端机价格比多模光纤光端机高。

5.4 信号简介

高清主要指的是视频信号的高清晰度、高分辨率。我们通常所说的高清信号主要是指高清电视信号,高清电视信号所要具备的条件是其视频信号在垂直与水平方向上的清晰度不低于720线。一般地,视频比例为16:9,垂直分辨率超过1080线隔行扫描或720线逐行扫描的信号是高清信号。

高清传输接口类型:色差信号、RGB信号、DVI信号、HDMI信号、HD-SDI信号等。

高清编码标准:H.264、WMV、Mpeg-4、Mpeg-2、AVS等。

高清分辨率:D3(1920×1080i)、D4(1280×720P)、D5(1920×1080P),如图5-12所示。

高清存储介质：光盘、硬盘、存储卡、磁带。

高清设备：高清摄像机、蓝光 DVD、高清播放器、高清电视机。

高清信号的应用：电影、电视、视频会议、视频点播。

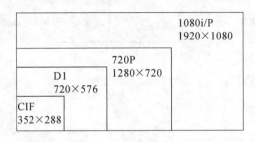

图 5-12

5.5 监控工程示意图

5.5.1 工地视频监控系统

前端摄像机采集视频后得到数字信号，数字信号经网络传输到后端的网络数字硬盘录像机进行存储，经显示屏来调用和查看视频实时和历史录像。工地视频监控系统如图 5-13 所示。

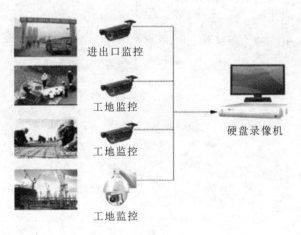

图 5-13

5.5.2 法院视频监控系统

法院需要对原有模拟监控系统进行升级，升级后要增加网络摄像机，同时也要兼容使用原来的模拟摄像机。经过分析我们知道，模拟信号变为数字信号需要编码设备 DVS/DVR，编码后可以通过网络传输数字信号。前端摄像机采集视频信号后将其经网络传输到后端，后端的解码器将数字信号解码为模拟信号后，分配器再将一路模拟信号分配成 N 路相同的模拟信号分别传给对应视频存储和视频矩阵，视频信号在模拟硬盘录像机中进行存储，视频经视频矩阵处理后投到大屏幕上。法院视频监控系统如图 5-14 所示。

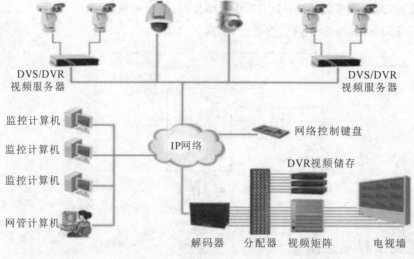

图 5-14

本章练习

1. 摄像机的参数有哪些?
2. 监视器类型有哪些?
3. 画面分割器和矩阵的作用是什么?

第6章 光纤、光缆布线实施

学习本章内容,可以获取的知识:
- 光纤布线工艺要求及特点
- 光缆布线工艺要求及特点
- 熟练掌握 AOC 线缆布线流程
- 熟悉光纤、光缆余线整理流程

本章重点:
△ 交换机端光纤的整理
△ AOC 线缆布线流程
△ 光缆布线流程

6.1 光纤布线工艺要求

6.1.1 接入交换机光纤走线要求

接入交换机光纤走线如图 6-1 所示,光纤均向下捆扎在理线器上。

图 6-1

接入交换机侧光纤走线如图 6-2 所示,均按照上层光纤上走线、下层光纤下走线的方式进行布线。

图 6-2

接入 TGW 交换机光纤走线如图 6-3 所示,也按照上层光纤上走线、下层光纤下走线的方式布线。

图 6-3

6.1.2　核心交换机端接

核心交换机端线缆端接分两种情况:新上架核心交换机线缆端接、在线核心交换机线缆端接。

1. 新上架核心交换机线缆端接注意事项

（1）线缆必须在测试完成后才能端接。

（2）必须按照客户网工下发的端口连接表端接线缆，避免端口端接错误。

（3）端接过程中，一定要检查端接后的线缆或者设备光模块是否插紧。

（4）端接完成后，若无必要情况，严禁将端接好的线缆抽出；若确定需要抽出线缆，在项目主管确认后再抽出，工作完成后一定要将线缆端接回原来的位置。

2. 在线核心交换机线缆端接注意事项

（1）线缆必须一边测试一边端接，测试一条端接一条。由我司人员负责测试，客户方建设驻场人员或运维驻场人员负责端接，严禁我司施工人员擅自端接在线设备线缆。

（2）若端接在线设备线缆时无光模块，联系客户方运维驻场人员先插光模块，严禁我司施工人员擅自插拔在线设备光模块。

（3）端接完成后，若无必要情况，严禁将端接好的线缆抽出；若确定需要抽出线缆，在项目主管和客户方网工确认后方可抽出线缆；若需大面积抽出线缆，线缆需要在测试后才能端接回原来的位置。

6.1.3 核心交换机余线整理

核心交换机端余线整理需要在设备下端安装一个 1U 的理线器，将线缆分把固定在理线器上，然后将多余的线缆理顺、绑扎后放置于机柜顶。

大型核心设备左右两边一般都带有理线架，依次将线缆按照每层一把的规格整理、绑扎并固定在左侧或右侧理线架上，然后将多余的线缆理顺、绑扎后放置于机柜顶。

核心交换机余线整理注意事项：

（1）绑扎时线缆要捋顺，避免出现线缆交叉现象，且需要做到横平竖直。

（2）整理在线设备的线缆时，要时刻小心，不要碰到设备上的原有线缆，也不要碰到设备的电源线。

（3）机柜顶上多余的线缆尽量盘圈绑扎，注意整齐美观，绑扎好后放置于机柜顶隐蔽位置。

核心交换机端线缆绑扎示意图如图 6-4 所示。

图 6-4

6.1.4 核心设备光纤捆扎要求

由于核心设备光纤数量非常多,故核心设备光纤捆扎除遵循以上原则之外,还必须注意不能阻碍核心模块、核心板卡的插拔。

1. 核心设备背面光纤走线

核心设备背面光纤走线遵循左右走线的方式。光纤进入机柜后,应考虑均分光纤,如图6-5所示,尽量减小光纤主缆的半径。

图 6-5

2. 核心设备正面光纤走线

核心设备正面,按照板卡的插拔方向把光纤分成多股来走线,避免光纤阻碍模块和板卡的插拔,如图6-6所示。

图 6-6

3. 核心设备摆放和理线

核心设备上架时,拆除机架方孔条。核心设备上架后,利用机柜内部空间将光纤放置在核心设备理线器右侧,避免光纤挡住设备板卡,在光纤布放、捆扎完成后再安装方孔条。最终,核心设备不固定在方孔条上。

4. 核心建设非一次性满配情况下理线

以上布线方式针对的是满配置机房建设情况,如遇机房非一次性满配建设,需要后期扩容的情况,则光纤需要按照核心板卡、模块方向分两边理线,且光纤不能阻碍模块、板卡的插拔,如图 6-7 所示。

图 6-7

6.2 光缆布线内容

6.2.1 写号、布放

标号应该写在光缆的显眼位置,且离光缆头部不要太远(10 cm 左右),标号完成后将光缆按列放好。

布放光缆前,需要先准备两把人字梯及一根钢管或者结实的木棍(长度以 2～3 m 为宜)。布放时,先将两把人字梯撑开并使它们成直线摆开,然后用钢管穿起 6 卷光缆(具体数量视钢管长度及现场环境而定),将钢管两端搭在两把人字梯上。

光缆搭好后,将每卷光缆的头拉出,用保护膜包好,然后用尼龙扎带绑扎紧,后面就可以开始上架了。上架时,每一个拐弯处需要站一个人,负责保护光缆及送线。光缆上架完成后需要注意保护好光缆头,将光缆头放于机柜顶或其他隐蔽位置,避免后续施工过程中有人踩踏、损坏光缆。

6.2.2　光缆绑扎

在光缆上架完成以后，需要对光缆进行绑扎，在有光纤槽的情况下，我们只需要间隔1 m左右用黑色魔术扎带绑扎一下即可；但在没有光纤槽的情况下，我们绑扎时需要每隔20 cm左右绑扎一次，且光纤表面要没有明显的交叉打搅情况，同时还要注意光纤的弯曲弧度不要过大。桥架光缆绑扎成品图如图6-8所示。

图 6-8

6.3　光缆布线工艺

6.3.1　原理及用途

AOC有源光缆是一款面向短距离、多重通道数据通信和互连应用所设计的高效集成型电缆组件产品，每个信号方向上有4个数据通道，在单一模块中达到40 Gbps的带宽总和，每个通道可以以10 Gbps的速度工作，通信距离可以为1～100 m。AOC有源光缆由带状OM3光缆连接两个高速40 GB并行光模块组成。

在项目中AOC线缆（见图6-9）主要用于在万兆网络环境下服务器与交换机的数据传输。

图 6-9

6.3.2　标号、布放

1. 写号

AOC线缆和铜缆一样，也用于服务器部分，AOC写号内容在铜缆中已经有详细介绍。

◀ 扫码观看 AOC 机柜绑扎实操视频

2.托盘绑扎

在项目实施过程中,绑扎托盘的工作量较大,是整个项目中能较为直观地体现整个团队的施工工艺的步骤,在又快又好的情况下注重整个绑扎细节,在熟能生巧的同时更注重施工方法。

一般,对机柜内托盘绑扎的要求是从外到内依次为红色、橙色、黑色,绑扎一般都在左边孔装面板。

1)绑扎的方法

在绑扎三架一组的机柜时,可以直接将线缆摊开,而后将其从机柜顶部圆口穿入,按照线号顺序从下至上绑扎。注意,在 AOC 线缆绑扎过程中必须使用黑色魔术扎带进行绑扎。

2)托盘绑扎的要求及注意事项

(1)绑扎托盘时应该严格按照横平竖直的要求,扎带之间的距离平均、一致,在绑扎时不要过度用力,避免因扎带束缚过紧造成托盘变形,影响美观。

(2)在绑扎托盘时,预留的长度以现场机柜宽度为准。

(3)从机柜圆孔往下穿线时不要用力拉扯 AOC 线缆,避免因用力过大导致 AOC 线缆损坏。

(4)在绑扎过程中不能踩踏机柜内外坠下的 AOC 线缆头,避免因光模块损坏造成 AOC 线缆连通性故障以及光模块的爆裂。

(5)在托盘绑扎至机柜顶处时必须在其相应位置固定,避免收绑桥架拉动时托盘预留长度过短。

6.3.3 桥架绑扎

在绑扎桥架时先将要收绑的 AOC 线缆捋顺然后再用魔术扎带扎住,按照各个交换机的位置穿插和绑扎相应的 AOC 线缆。线缆绑扎好之后,盘圈放置于机柜顶上。

桥架绑扎的要求及注意事项:

(1)绑扎过程中注意将 AOC 线缆捋直,避免线缆弯曲度过大。

(2)线缆穿过机柜顶圆孔时,不要用力拉扯,避免造成 AOC 线缆损坏。

(3)AOC 线缆在机柜顶盘圈时,圈不要太小,避免造成 AOC 折损。

(4)严禁 AOC 线缆和强电铜缆交叉及碰触。

6.3.4 交换机接入及线缆整理

收整线缆插入交换机这个步骤是机柜内部布线的最后一步,也是较烦琐、问题较多的一步。

1.收整线缆插入交换机的方法及要求

(1)线缆跨架或本架线缆汇集时,保持 Y 字形状态,找准固定位置。

(2)线缆汇集后应该绑扎平整,横向绑至机柜内测边沿。

(3)在机柜中部位置固定一次,直至绑扎到机柜前部再固定一次。

(4)按照规定交换机安装高度安放铁片卡扣(4 颗),理线器应放至交换机上方 1 cm 处,安放铁片卡扣(4 颗)。

(5)在插交换机时应理顺线缆,一根一根从线缆未绑扎处捋顺至线缆光模块处,而后按照线缆上的线号依次从理线器口插入交换机对应的位置。

（6）当所有线缆插入完毕后进行线圈的绑扎,绑扎时应捋顺线圈,固定理线器时使用魔术扎带绑扎,一般一个点固定两次。

（7）绑扎时线圈弧度必须一致,线圈圆滑。

（8）在线圈绑扎完毕后,从右至左依次绑扎理线器内侧 AOC 线缆,而后将多余线缆绑扎整齐放置到机柜顶。

2.注意事项

（1）在绑扎时,机柜内部线缆的固定及理线器上线圈的固定必须牢固,避免因用力拉扯造成线缆扭曲。

（2）插入交换机时应认真识别线缆线号,避免误插或不能确定而造成后期返工。

（3）收绑多余线缆时尽量绑扎整齐,较好地隐藏于机柜顶。

交换机端线缆绑扎成品图如图 6-10 所示,机柜顶余线绑扎成品图如图 6-11 所示。

图 6-10

图 6-11

✎ 本章练习

1.简述交换机端光纤的布线方法。

2.核心设备端光纤、光缆的余线如何整理?

3.AOC 线缆的一般用途是什么? AOC 线缆的布放流程是什么?

第 **7** 章　制作和粘贴标签

学习本章内容,可以获取的知识:
- 标签的基本知识及特点
- 标签命名要求及特点
- 熟练掌握标签制作流程
- 熟悉标签粘贴规范

本章重点:
△ 标签制作
△ 标签粘贴要求
△ 标签内容的含义

7.1　标签基本知识

（1）标签为后期网络运行维护过程提供快速定位功能。

（2）所有的线缆（网线、电源线、光纤）都需要在两端粘贴标签,通常在 IDC 建设中各类线缆累加起来有成千上万甚至十几万条,因此在施工项目中线缆标识非常重要,而标识的准确度更是重中之重。所以,我们必须严格按照施工规划中的各项规划对应表来粘贴标识:

① 网线标签的颜色根据甲方要求网线所连接服务器类型的不同而有区分。

② 对于电源线标签的颜色,采用白色。

③ 对于光纤标签的颜色,需根据光纤的功能进行具体的划分。目前 IDC 机房的光纤可以分为三类:公网出口光纤、IDC 内互联光纤以及跨 IDC 互联专线光纤。光纤标签的颜色定义按照甲方要求执行。

7.2　标签命名

线缆两端标签的命名规则是一致的,均需包含两端的端口信息。若一根网线两端连接了服务器和交换机,那么两端的标签信息既要包含服务器的端口信息,也要包含交换机的端口信息。

网线两端标签中的端口信息根据 IDC 资源表中的各端口信息来制作,但是不需要体现地名信息。

标签的编制规则按照甲方提供的标签格式规则执行。

7.3 标签形状

图 7-1 所示为目前使用的标签形状，图中文字所在位置就是实际施工过程中文字需要在的位置。实际使用过程中，标签由工程施工方自行采购。

A01-L-01

SZ-TD-0501-A01-C2960G-L-01-G10/1

图 7-1

7.4 标签制作

使用打印机之前需要先安装打印机驱动及打印机软件，安装完成后即可使用打印机。使用打印机的步骤：

步骤 1　利用 Excel 软件将需要打印的标签制作成资源表，如图 7-2 所示。

1	ODF-A4-2-G08.NT12-M1-C(1-12)	PSW-TFS-G1-P1-1.NT12-Ethernrt3/1
2	ODF-A4-2-G08.NT12-M1-C(1-12)	PSW-TFS-G1-P1-1.NT12-Ethernrt3/1
3	ODF-A4-2-G08.NT12-M1-C(13-24)	PSW-TFS-G1-P1-1.NT12-Ethernrt3/2
4	ODF-A4-2-G08.NT12-M2-C(1-12)	PSW-TFS-G1-P1-1.NT12-Ethernrt3/3
5	ODF-A4-2-G08.NT12-M2-C(13-24)	PSW-TFS-G1-P1-1.NT12-Ethernrt3/4
6	ODF-A4-2-G08.NT12-M3-C(1-12)	PSW-TFS-G1-P1-1.NT12-Ethernrt3/5
7	ODF-A4-2-G08.NT12-M3-C(13-24)	PSW-TFS-G1-P1-1.NT12-Ethernrt3/6
8	ODF-A4-2-G08.NT12-M4-C(1-12)	PSW-TFS-G1-P1-1.NT12-Ethernrt3/7
9	ODF-A4-2-G08.NT12-M4-C(13-24)	PSW-TFS-G1-P1-1.NT12-Ethernrt3/8
10	ODF-A4-2-I08.NT12-M1-C(1-12)	PSW-TFS-G1-P2-1.NT12-Ethernrt3/1
11	ODF-A4-2-I08.NT12-M1-C(13-24)	PSW-TFS-G1-P2-1.NT12-Ethernrt3/2
12	ODF-A4-2-I08.NT12-M2-C(1-12)	PSW-TFS-G1-P2-1.NT12-Ethernrt3/3

图 7-2

步骤 2　资源表制作完成后，打开打印机软件，单击数据库界面，如图 7-3 所示。

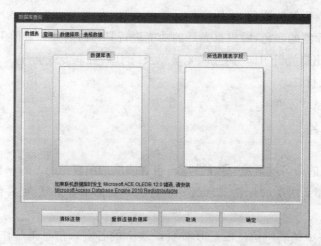

图 7-3

步骤 3 单击重新连接数据库,选择 Excel 选项,如图 7-4 所示。

图 7-4

步骤 4 单击浏览,选择资源表。

步骤 5 设置好后的界面如图 7-5 所示。

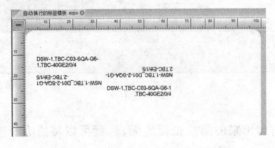

图 7-5

步骤 6 打印机包含机身、电源线及数据线,打印时需要安装标签纸及打印碳带,如图 7-6 所示。

图 7-6

步骤 7 将安装好标签纸和打印碳带的打印机接上电源，数据线和电脑连接，就可以开始打印标签了。

步骤 8 单击打印机软件界面上的标签打印，弹出界面后，先选择第一张标签，单击打印，如图 7-7 所示。

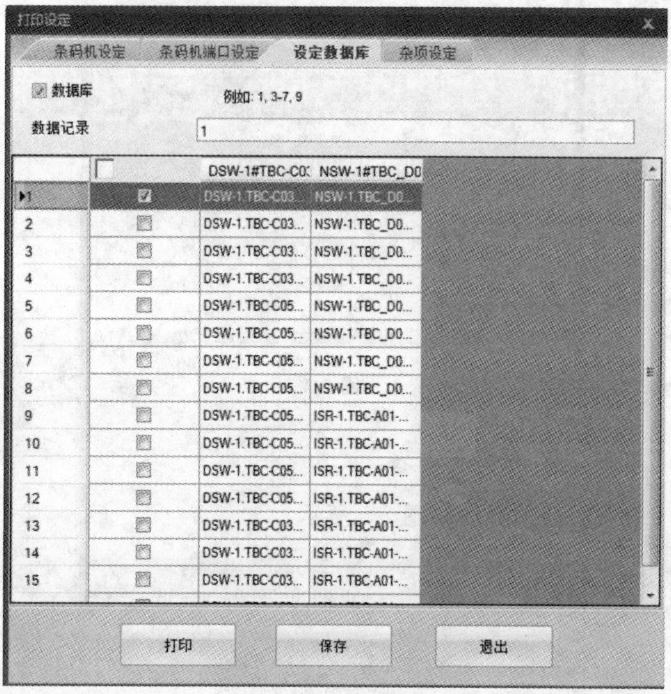

图 7-7

步骤 9 若打印出来的第一张标签无误，就可以将所有标签选中，开始批量打印标签。

使用标签打印机的注意事项：

(1) 资源表制作完成后，在最顶行要插入一行，复制第二行的内容，粘贴到第一行(见图 7-8)，因为打印标签时打印机默认是从第二行开始打印的。

1	ODF-A4-2-G08.NT12-M1-C(1-12)	PSW-TFS-G1-P1-1.NT12-Ethernrt3/1
2	ODF-A4-2-G08.NT12-M1-C(1-12)	PSW-TFS-G1-P1-1.NT12-Ethernrt3/1
3	ODF-A4-2-G08.NT12-M1-C(13-24)	PSW-TFS-G1-P1-1.NT12-Ethernrt3/2
4	ODF-A4-2-G08.NT12-M2-C(1-12)	PSW-TFS-G1-P1-1.NT12-Ethernrt3/3

图 7-8

(2) 若在打印过程中出现调纸情况，可以先把机器关了，然后同时按住 PAUSE 和 FEED 两个键再开机，直到三个显示灯同时闪过一次再松手来进行机器初始化，然后再关机，按住 PAUSE 键进行测纸，等到机器出纸后再松手，直到机器出现回缩动作以后再开始打印。

◀扫码观看本章第 5 小节视频课程

7.5 粘贴要求

7.5.1 撕标签

(1) 撕标签前认真看清楚标签信息及标签打印后排版的规律,不要胡乱撕标签(避免贴标签时误贴)。

(2) 撕标签时应考虑贴标签人的手势习惯,撕好标签放至适当的高度位置,而且需要注意保持撕地标签的整齐度,不要将撕好的标签重叠(避免造成工作效率的降低)。

(3) 撕标签时应该注意不要撕损标签,发现打印错误及字迹模糊、易掉色的标签时应该及时向项目负责人反映。

7.5.2 服务器端标签粘贴

服务器端标签粘贴的方法及要求:

(1) 首先认清标签信息及标签颜色,蓝色标签为内网,白色标签为外网,红色标签为管理网。

(2) 粘贴标签应遵循合理的方式方法,标签必须粘贴在距离端口 5 cm 处。

(3) 粘贴完的标签必须垂直于光模块。

(4) 粘贴好的标签必须不能露白、不能贴歪,做到整齐美观。

服务器端标签粘贴的注意事项:

(1) 在出现少部分标签粘贴错误的情况下,能更改马上更改,如若不能更改马上和项目负责人协商重新打印,避免大面积更改影响美观。

(2) 粘贴标签时不要盲目追求施工效率,在看清标签的前提下,又快有好地完成。

(3) 粘贴标签时应注意不要将标签贴反。

7.5.3 交换机端标签粘贴

交换机端标签粘贴的方法及要求:

(1) 在粘贴交换机端标签时必须保持标签垂直于线圈中部。

(2) 粘贴完毕之后所有标签应该呈一条直线,如果第一次粘贴或者在不熟练的情况下可以用记号笔先在线缆处做好标记。

交换机端标签粘贴的注意事项:

(1) 在粘贴交换机端标签时,应该更为仔细,不要漏贴标签,避免贴完后才发现少贴标签。

(2) 在贴标签前应看清楚交换机端口类型,是上单下双还是下单上双,避免标签贴反全部报废。

(3) 由于交换机处于机柜出风口上方,因此标签也受风的干扰,所以粘贴标签时一定要保证标签完全黏合,避免因标签粘贴不紧密而导致标签开口、变形。

7.6 标签粘贴范例

标签粘贴范例如图 7-9 所示。

 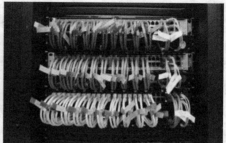

图 7-9

 本章练习

1. 数据中心线缆标签的作用是什么?

2. 从 201 机房的 H5 机柜到 L5 机柜的第五条核心设备端光缆该如何写标签?

3. AOC 线缆标签的一般粘贴方法是什么?

第 8 章　IDC 布线验收准则

学习本章内容,可以获取的知识:
- 布线验收的基本内容
- 布线验收的基本标准
- 线缆测试标准及规范
- 建设竣工标准

本章重点:
△ 布线验收基本标准
△ 建设俊工标准

8.1　概述

8.1.1　目的及适用范围

为了规范 IDC 建设施工细节,更好地控制施工质量,特制定此验收规范,本规范适用于金石集团所有新建和在建 IDC 机房。

8.1.2　验收依据

(1) 建筑与建筑群综合布线系统工程验收规范(GB/T 50312—2000)、建筑与建筑群综合布线工程系统设计规范(GB/T 50311—2000)。

(2) IDC 布线技术要求、施工方案、合同、变更协议等。

8.1.3　布线验收基本内容

(1) 施工内容与施工工艺验收。

(2) 铜缆、光缆的 fluck 测试、光通路测试、3.3DAC 线缆点亮测试。

(3) 标签系统验收。

(4) 交换机端口与机架位对应验收。

(5) 光缆/铜缆系统资源数据验收。

(6) 机房环境卫生验收。

（7）材料的检测报告及报关单验收。

（8）整体验收。

（9）其他。

8.2 布线验收基本标准

8.2.1 施工内容与施工工艺验收

依据 IDC 布线技术要求以及项目约定的具体施工内容对项目内布线的施工内容和施工工艺进行验收。

1.铜缆机架内质量控制

本机架位铜缆尾部线缆长度控制在 50 cm±2 cm，需要满足对应机架位上网线能够和本机架位上任意网口连接。备线长度按照机柜内最远端机架位需求预留长度，整理后线缆固定在机柜最上端机架位之上。

2.铜缆汇聚端质量控制

和交换机端连接的铜缆要求理线架到交换机的长度控制在 10~20 cm，同一交换机上的连接长度要求统一，理线架外部线缆能轻松连接所对应交换机使用区域；备线长度要求能够连接交换机任意端口，整理后放在理线架内。

3.铜缆从交换机到机柜内质量控制

要求到同一机柜内的线缆收敛到一条路由内，跨机柜线缆需要走机房桥架，多余长度线缆要求整理后置于机柜藏线位置，不允许出现线缆 180 度对折，线缆捆扎不能过紧，避免由于捆扎过紧导致线缆出现质量问题。

4.光纤尾部质量控制

要求连接到交换机的光纤的长度控制在接入模块后有 10~20 cm 的余量，保证系统的可用、可维护。

5.ODF 端质量控制

要求连接到 ODF 盒的预端接光缆、光纤的长度控制在接入模块后有 10~20 cm 的余量，保证系统的可用、可维护。

6.光缆系统路由内质量控制

光纤需要走专用的桥架，路由内利用尼龙扎带进行捆扎和固定，多余长度线缆要求整理后置于光纤桥架藏线位置，不允许出现线缆 180 度对折，线缆捆扎不能过紧，避免出现由于捆扎过紧导致线缆出现质量问题。

7.通用系统线缆数目核对

依据布线拓扑需求核对机柜内铜缆、光缆系统内线缆数目是否和施工设计需求一致。

8.特殊布线需求数目与位置核对

依据前期沟通内容对项目内提交的约定线缆路由中的线缆数量、标签、位置进行核对，需要和沟通设计需求一致。

8.2.2 fluke测试和系统测试

依据 IDC 布线技术要求对项目内布线施工所涉及的所有线缆必须进行 100% 的测试。

1. 施工线缆测试

项目内所有涉及铜缆、预端接光缆、普通光纤部分的内容都需要进行100％的测试，并要求施工人员在完工验收前完成此部分工作，对于存在问题的线缆按照不合格品控制流程处理，做好记录。

2. 测试标准

内网——标准为 CAT6UTP，满足千兆要求。

管理网——标准为 CAT5eUTP，满足百兆要求。

内网尾纤上联——损耗不能大于 2 dB。

多模预端接光缆——fluke 测试，波长 850 nm，线路损耗不大于 1.5 dB；同一根预端接光缆，如果出现两根纤芯的衰耗大于 2 dB，则必须更换预端接光缆。

单模预端接光缆——fluke 测试，波长 1510 nm，线路损耗不大于 3 dB。

3. 测试数据与单据

施工验收时提供相关项目所有测试原始数据 2 份，刻录为光盘后的电子文档作为项目验收资料提交，由客户方负责人进行相关数据的审核。同时，提供工程施工相关材料的出产证明、检验记录等相关的文件单据。

4. 线缆抽测

施工人员完成工程自检后，项目负责人对工程进行 10％的线缆抽测，线缆包括铜缆、预端接光缆、光纤，施工人员提供 fluke 测试仪以及其他工程组技术人员的支持，配合项目负责人对指定部分进行抽测，抽测数据一次通过率为 95％，二次通过率必须为 100％，数据除了现场抽测导出外还需要后续刻录成提供原始数据的光盘。如果抽测有不合格的，则根据抽测计划对本组或本机柜进行全部检验。

5. 链路系统抽测

施工人员完成工程自检后，项目负责人对链路系统进行连接测试，具体测试内容包括光缆系统的交换机点亮测试、铜缆部分测线仪连通测试。

具体要求如下：

(1) 交换机点亮测试光纤通过预端接系统后 100％可以点亮、可用。

(2) 铜缆系统中通过测线仪测试铜缆经过 MDF 配线后 100％可以使用。

(3) 验收时需要施工人员提供相关仪器以及人员支持，配合项目负责人对指定部分进行抽测。抽测数据一次通过率为 95％，二次通过率必须为 100％。

8.2.3 标签和端口对应验收

依据 IDC 布线技术要求，结合客户的验收要求，项目内布线施工所涉及的所有线缆系统都必须有符合相关要求的标签，完工后需要对所有标签进行检查。所有标签必须符合规范规定的格式，标签对应关系必须保证 100％正确。

1. 标签格式数据

机房施工涉及的所有标签必须和原始需求信息一致，不允许格式不统一的情况出现，标签规格以及标签粘贴位置依据工程规划实施。

2. 铜缆端口对应验收（包括 DAC 铜缆）

铜缆和所接入的交换机端口对应关系要求和资源信息表中的数据保持 100％的匹配，在完工后要对机房铜缆进行100%的对应关系检测。

3.光缆ODF以及标签

ODF系统所有通路的标签对应关系要求和资源信息表中的数据保持100%的匹配,在完工后要对机房内此部分内容进行100%的对应关系检测。

4.资源信息表

依据相关内容的要求,对项目内布线施工涉及的所有布线系统提供相对应的电子版信息、对应文档,包括:

(1)光纤资源信息表:所有光缆系统的标签对应关系以及路由。

(2)铜缆标签对应关系:所有铜缆的标签以及路由。

上述数据对应关系需要和工程施工保持一致。

8.2.4　机房环境卫生

依据IDC布线技术要求以及数据中心相关规定,需要对项目内布线施工过程中出现的所有施工残留垃圾及时进行清理,施工过程中所有施工死角不能残留任何和后期机房使用无关的施工附件,主要包括如下几部分:

(1)地面、机柜内、机架顶、机柜前后门等处无尘土、无杂物。

(2)要求所有绑线剪除多余长度网线,清除机房任何地方的绑线头。

(3)要求机柜内、机架顶等处无飞线,要求全部绑扎。

(4)要求备线一律收到机架顶处并绑扎固定在机架顶L立柱旁。

(5)要求所有交换机及服务器的电源线、桥架走线必须进行绑扎。

(6)要求所有机架位标签、线缆标签粘贴牢固,不牢固的要复检。

施工完成后,上述几部分的整体状况需要符合机房运行要求,保证施工前后机房环境卫生一致。

8.2.5　整体效果验收

(1)机房整体干净整洁。

(2)走线:布放线的规格和位置应符合施工图的规定,线缆排列必须整齐、无交叉、横平竖直、无飞线,外皮无损伤。

(3)布放在走线架上的线缆必须绑扎,绑扎后的线缆应互相紧密靠拢,外观平直整齐,线扣间距均匀,松紧适度。

(4)布放尾纤时应尽量减少转弯,多余尾纤应整齐放置,严禁压、拆。

(5)一致性:同一IDC对于某一点来说不准有许多种属性定义。

(6)机架顶、竖井、机柜内的走线强弱电分离。

(7)水晶头完好,网线连接处完好、无断裂。

(8)转弯平滑符合转弯半径要求:铜缆大于直径8~10倍,光缆大于直径15~20倍。

8.2.6　竣工资料移交

项目结束后,提交工程文档资料一式三份(附电子文档一份),分别由客户、项目负责人、项目管理员保管。移交资料清单包括但不限于以下内容:

(1)布线结构图(拓扑图)。

（2）资源信息表（铜缆、光缆）。

（3）布线测试报告。

（4）项目验收过程记录表及变更文件。

（5）材料检验记录及合格证明文件。

（6）竣工验收报告。

（7）施工组织方案。

（8）现场照片。

（9）ODF、MDF 塑封表，ODF 框标签表。

所有竣工资料要求在完工后 3 天内提交。

8.2.7 其他

（1）文明施工：材料、设备储存整齐，现场清洁良好，符合 IDC 布线技术要求。

（2）安全施工：无重大安全事故发生。

8.3 线缆测试标准及规范

8.3.1 IDC 建设铜缆测试规范

8.3.1.1 测试标准

所有测试必须遵循以下标准：

（1）TIA Cat5eChannel 测试标准。

（2）TIA Cat6Channel 测试标准。

（3）TIA Cat5ePatchCord 测试标准。

（4）TIA Cat6PatchCord 测试标准。

（5）TIA Cat6aChannel 测试标准。

（6）TIA Cat6aPatchCord 测试标准。

8.3.1.2 测试仪器

FLUKEDTX1800 测试仪（见图 8-1）及超五类、六类、超六类通道测试适配器、跳线测试适配器。

图 8-1

福禄克 DTX1800 分主机和副机两个,主机主要按钮功能如表 8-1 所示。

表 8-1

F1~F3:功能按键	ENTER:确认键
ESC:退出键	SAVE:保存键
4 个方向键:光标移动	旋钮:功能选择键
TEST:测试键	TALK:对话键

其中,主机旋钮功能选择键(见图 8-2)的说明如表 8-2 所示。

表 8-2

MONITOR:监视	SINGLE TEST:单项测试
AUTO TEST:自动测试	SETUP:设置
SPECIAL FUNCTIONS:特殊功能	

图 8-2

8.3.1.3　测试方法

1.测试方法

(1) 将 DTX1800 主机及副机按照图 8-3 所示链路连接起来。

(2) 开机,将主机旋钮选择到 SPECIAL FUNCTIONS 档位。

(3) 光标选择设置基准,按 TEST 键开始基准测试。

(4) 光标选择自检项,按 TEST 开始自检。

(5) 将主机旋钮选择到 SETUP 档,按上下键选择双绞线。

(6) 按 ENTER 键确认双绞线选项,选择双绞线类型及测试极限值。

(7) 将主机旋钮选至 AUTO TEST 档,按 TEST 键测试标准线缆的结果是否准确。

(8) 测试无误后,将标准线缆替换成待测双绞线进行——测试。

五类/六类跳线

图 8-3

2.测试步骤

■步骤 1   将测试模块安装好后开机,如图 8-4 所示。

图 8-4

■步骤 2   在主机上设置测试参数,如图 8-5 所示。

图 8-5

■步骤 3   把待测网线两端的水晶头接入福禄克主机、副机的模块上,如图 8-6
所示。

图 8-6

步骤 4　单击测试按钮（主机上的白色按钮），设备就开始测试线缆，如图 8-7 所示。

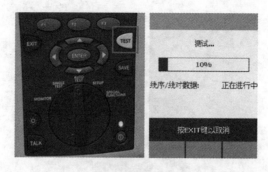

图 8-7

步骤 5　测试通过后，机器会低鸣一声，通过界面如图 8-8 所示。若机器连续低鸣两声则表示线缆测试不通过。

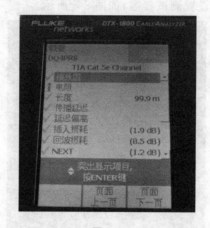

图 8-8

步骤 6　测试完成后需保存数据，按白色按钮下方的 SAVE 键即可开始保存数据。若是自动保存，只需要按下 SAVE 键即可；若是手动保存，则需要先手动编写线缆标识码，如图 8-9 所示。

图 8-9

8.3.2 IDC 建设光纤测试规范

8.3.2.1 测试标准

IDC 建设中,光纤测试遵循 TIA 相关标准,目前均采用 TierOne 测试,选择方法 B,主要测试光纤衰减量及长度。TierOne 测试适用于光纤跳线、预端接光产品和光缆等全部场景。

8.3.2.2 测试仪器

FLUKEDTX1800 光纤测试仪、光时域反射仪(OTDR,见图 8-10(a))、赛博测试仪(见图 8-10(b))。

(a) OTDR   (b) 赛博

图 8-10

8.3.2.3 测试方法

1. 测试跳线归零设置

实际测试时,一般都会使用"测试跳线",测试跳线长度为 2 米或 3 米,测试结果应该把这些测试跳线所引入的衰减扣除掉。测试光纤的衰减量时,一般都有一个测试前的"归零"程序,即按图 8-11 所示的方法连接仪器设置"参考零"(或按下"参考"或"归零"键),

将两根测试跳线对接进行归零

图 8-11

2. 开始测试

设置好"参考零"后,打开耦合器,加入被测光纤,测出 Pi,则这根光纤链路的衰减量＝P0－Pi,由于先前已经做过归零设置,所以 Pi 即为光纤测试结果,如图 8-12 所示。

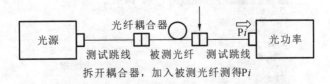

拆开耦合器,加入被测光纤测得Pi

图 8-12

金石集团要求 IDC 建设交付时,光纤测试结果满足质量系统光纤测试要求,且须提供电子文档作为交付物。

3. 光纤测试

步骤 1 用福禄克测试，主、副机插入相应模块，单模光纤测试插入单模模块，多模光纤测试插入多模模块。线缆连接如图 8-13 所示，模块两边连接标准跳线，中间连接校正测试线缆。

图 8-13

步骤 2 开机，按 F1 键更改测试介质（AUTO TEST 档位），按 ENTER 键选择光纤损耗。调到 SETUP 档，选择测试极限值→按 F1 键→更多→定制→按标准设置相应数据；选择光纤类型→通用→单模/多模级别（OS2/OM3），如图 8-14 所示。

OM3 多模跳线测试极限：0.5 dB。

OS2 单模跳线测试极限：0.2 dB。

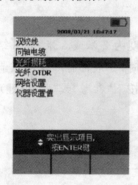

图 8-14

步骤 3 调到 SPECIAL 档位，设置基准→光缆模块→按 TEST 键→按 F2 键确定，如图 8-15 所示。

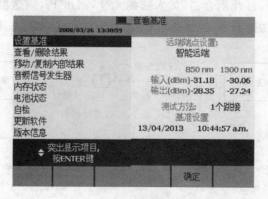

图 8-15

步骤 4 调到 AUTO TEST 档位,把主、副机一起连接到被测线路,按 TEST 键开始测试(因为我们测试的光纤一般是双芯,所以按 F2 键测试第二遍)→按 SAVE 键→输入线缆标识→按 SAVE 键保存,如图 8-16 所示。

图 8-16

4. 光缆测试

步骤 1 使用赛博测试仪进行测试,开机后用测试跳线连接好 40 GB 赛博测试仪的主、副机,如图 8-17 所示。

图 8-17

步骤 2 按 SETUP 键→按 ENTER 键选择光纤耗损,调到 SETUP 档位,根据客户标准设置标准值,如图 8-18 所示。

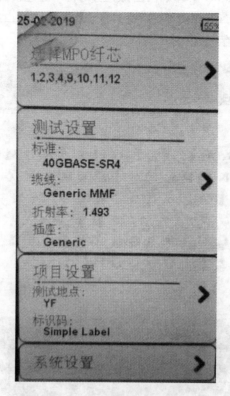

图 8-18

步骤 3 按主机上的 TOOLS 键,如图 8-19 所示。

图 8-19

步骤 4　　单击图 8-19 所示界面上的基准设置，测试设备基准，测试无误的返回。
芯线连接图如图 8-20 所示。

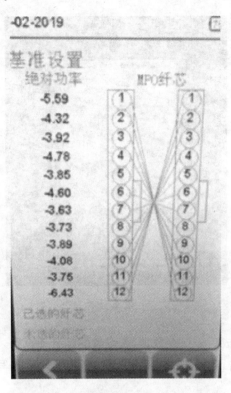

图 8-20

步骤 5　　将需要测试的光缆两端连接到设备两端，然后单击主机界面上的测试按
钮 AUTO TEST，设备开始测试线缆，如图 8-21 所示。

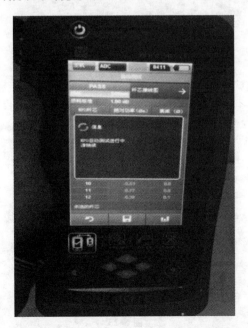

图 8-21

步骤 6　　若测试通过,则显示的测试数据均为绿色,如图 8-22 所示;若测试不通过,则显示的测试数据中有红色字。

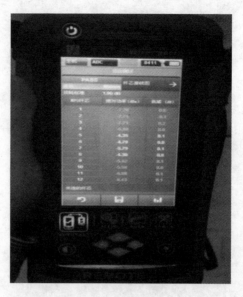

图 8-22

步骤 7　　测试完成后需保存数据,若设置的是自动保存,则测试完成后不需要后续操作,设备会自动保存数据;若设置的是手动保存,则需要手动编写线缆标识码后才能保存,如图 8-23 所示。

图 8-23

8.4 建设竣工标准

8.4.1 IDC 建设验收标准

1. 现场环境清洁整理

现场环境清洁整理是现场施工环节的关键步骤,未完成现场环境清洁整理的项目为不合格项目;现场施工过程中如果因环境杂乱而无法继续施工,则必须进行阶段性环境清洁整理。清洁工具可使用笤帚、吸尘器等。

清洁要求:

(1) 清洁范围:桥架上、光纤槽内、机架顶端、机架内外、机架层板、地板表面等。

(2) 清洁完毕后要做到无任何杂物、干净、无污渍,如图 8-24 所示。

图 8-24

2. 机柜内网线整理

为避免机柜内已布放网线散乱出机架、保护已布线接口和提高美观度,要求在每个机柜的后方最下面安装一个 1U 理线器。所有网线自然下垂,且须收到理线器内部,避免网线散乱在理线器外部,如图 8-25 所示。在机房开始运营后,需要机房负责人在服务器直配时拆除此理线器,并调拨回中转仓库,将此作为后续项目工程库存。

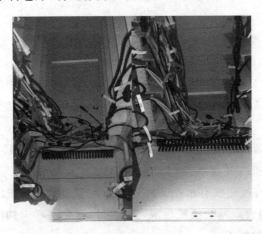

图 8-25

8.4.2　施工自检

（1）我方对于承担的任何客户 IDC 建设项目，无论项目规模大小，都需要进行 100％的施工自检并输出自检报告。

（2）我方施工自检人员必须为项目开工时任命的质量工程师。

（3）施工自检时，必须以机柜为单位根据施工要求进行检查。

（4）施工自检时需要对施工环节的质量要求关注点进行拍照记录。

8.4.3　端口一致性检查

为了保障现场布线与资源表一致，确保布线机位端口与交换机端口对应 100％一致，增加外包对现场机位端口进行一致性检查。

8.4.3.1　福禄克测试仪检查

（1）为了提高测试效率和速度，每次测试需要专员拔掉所需测试交换机端线缆。测试人员需带笔记本和圆珠笔，以便及时记录错误。

（2）在测试过程中为了避免错误，测试完一条线缆后立即将其插入交换机的对应端口，然后开始测试下一条线缆。

（3）如果检测到线缆不对应，则必定与另一条线缆相混淆，需立即排查找到对应线缆，同时立马详细记录下错误信息（如：A01－L－01 与 A01－L－03 线缆端口插反；A01 内网交换机第一端口标签与第二端口标签错误；A01－L－05 水晶头错误）。

（4）测试完这台交换机后需立马安排人员更改错误，然后用福禄克再次测试检查一遍。（更改如：A01－L－01 与 A01－L－03 交换机端端口对调；A01 内网交换机第一、第二端口标签互换；将 A01－L－05 水晶头重新制作。）

（5）对于网络设备之间的连接光纤或者铜缆，需在 PM 验收前，检查标签是否完整和正确。

8.4.3.2　用检测线检查

跟 PM 确认在网络设备添加监控之前，且在内网专线路由（或 man 路由）发布前进行检测。如果网络设备已经添加监控或专线路由已经发布，需要跟 PM 确认风险后才能测试，切勿自行测试。

1. 准备工作

按照 TIA-568-B 标准规定的线序准备 1 端为模块、另 1 端为水晶头的检测跳线 1～2 根（根据测试的数量和人数可适当增加测试跳线），如图 8-26 所示。

2. 操作步骤

（1）在运营商与 PM 协商确认后，将所有交换机通电。若机架尚未加电，可临时拉室电，将交换机通电。

（2）网络外包工程师将所有已经关闭的内、外网交换机的 1～40 端口手动打开，管理网交换机所有端口默认处于打开状态。

（3）工程外包人员将检测线有水晶头的一端插入管理网交换机的 47 口或者内、外网交换机的任意一台（建议用管理网交换机做源，这样可以避免一些未知的环路风险），有模块这端对应机位服务器线缆的接入。

图 8-26

（4）两人一组依次测试内网、外网、管理网端口和各机位服务器线缆的对应关系，一人负责更换机位线缆和检测线模块端的对接，一人则在交换机端观察相应交换机的对应指示灯是否 up。例如，若接入内网第一条线缆，则内网交换机第一端口指示灯 up。

（5）若接入线缆对应指示灯处于 down 状态，查看有无处于 up 状态的端口，若有则此线缆必定接入错误，同时接入第一端口的线缆也错误，需立刻记录下来（例如，若接入内网第一条线缆后，内网交换机端第三端口指示灯 up，则内网第一条线缆接入错误，需更正到第一端口）。检测完成后立马安排人员更正（注意更正端口后还需更正标签）。更正后需再检测一遍。

（6）全部核对正确之后，由网络外包工程师将打开的交换机端口全部关闭。

外包团队需要按照以上要求，在机房交付前，100％完成机房内所有接入层服务器端口一致性检查，并且，在检查过程中验证网线标签的粘贴规范和标签与端口的一致性，并最终生成端口一致性检查报告。

 本章练习

1.如何测试 40 GB 光缆的连通性？

2.如何用福禄克分别完成铜缆及光纤的测试？

3.集成项目验收的基本内容有哪些？

第 9 章　布线知识问答

(1) 如果想抽烟，应该去哪里？

答案：机房大楼内不能抽烟。和项目经理确认机房园区内可以抽烟的地方后再去抽烟。

(2) 如果想溜达，是否可以在电信机房园区里随便溜达？

答案：不可以，只能在有授权的楼宇对应的楼层内工作和活动，其他地方不能去。

(3) 办手续时与电信运营商工作人员交流不顺畅怎样处理？

答案：找客户项目经理进行协调，不能擅自处理。

(4) 施工过程中出现事故怎样处理？

答案：及时反馈给客户项目经理，不能隐瞒，不能自行处理。

(5) 施工中遇到电信设备影响布线，是否可以挪动电信设备？

答案：不可以，请将此问题第一时间反馈给客户，由客户协调处理。

(6) 施工布线前需要准备哪些工具和辅料？

答案：塑料绑扎带、魔术绑扎带、标签、光盘、笔、FLUCK 表、对讲机、梯子、压线钳、光线缠绕管、角磨机、打光笔、标签打印机、普通打印机、打印纸、墨盒、斜口钳、手持吸尘器。

(7) 施工中渴了或者饿了，为了加快布线进度，把吃的、喝的带入机房是否可以？

答案：不可以，喝的只能带到楼道，吃的根本不让带进机房和楼道。

(8) 在已交付运行的机房进行布线前，需要做哪些工作？

答案：首先和主场外包负责人沟通确认施工时间、地点，然后再与客户项目负责人联系，确认之后方可施工。

(9) 在已交付的机房施工布线时，是否可以拍照？

答案：不能进行拍照。

(10) 在机房施工过程中，是否可以随意扳动各种管道和阀门开关？

答案：不可以。

(11) 在施工过程中，施工人员需要知道、熟悉哪些安全事项？

答案：火警按钮、灭火器位置、逃生通道、安全门、应急电话。

(12) 施工布线时，何种高度需要佩戴安全带施工？

答案：2 米、3 米、4 米、5 米。

(13) 施工布线进场前，需要做哪些交底？

答案：施工技术交底、施工安全规范交底、施工进度安排。

(14) 在已经上线机房内是否可以随意搬动、使用已经运营的网络设备、服务器等？

答案：不可以，如果想使用需要与客户负责人联系确认。

(15) 施工中如果需要借用甲方设备,需要注意哪些事项?

答案:做适当保护,走甲方借用流程,按时归还,如遇损坏原价赔偿。

(16) 施工中哪些内容需要进行成品保护?

答案:地面、机柜、冷通道、桥架、天花板、墙面。

(17) 进入机房施工时哪些行为不符合规定?

答案:携带饮用水进入机房、穿软底鞋直接进入机房、不带工作证、带打火机进入机房、高空作业不戴安全带。

(18) 纸质包装材料是否可以存放在机房内?

答案:不可以,必须在当天施工完毕后带出机房。

(19) 每天的施工垃圾是否可以在施工完毕后集中处理?

答案:不可以,必须在每天施工人员离开的同时进行处理,当天施工垃圾当天清理。

(20) 施工布线材料是否可以随意摆放?

答案:不可以,必须放在库房内或甲方指定位置。

扩展:放在如下位置是否可以:走廊内、库房内、机房内、机柜内?

(21) 桥架施工中是否可以直接踩踏机柜和桥架?

答案:不可以,以免影响桥架的稳固性。

(22) 室外管井施工时,竖井内需要做哪些工作?

答案:在竖井密闭空间内光缆必须要有名牌、基本信息标识。

(23) 哪些物品不可以带入机房?

答案:食品、易燃品、易爆品、毒性物品、腐蚀物品。

(24) 哪些物品不可以放在机房过夜?

答案:纸张、包装箱、塑料袋。

(25) 施工中,新来的同事没有授权,是否可以私自带其进入机房施工布线?

答案:不可以,新同事必须增加授权后才能进入机房施工。

(26) 施工中,是否可以更换项目负责人?

答案:不可以,布线厂家必须杜绝此类事件发生。

(27) 施工中,是否可以随意减少施工人数?

答案:不可以,操作前必须与客户负责人沟通,说明原因。

(28) 客户机房建设计划周期一般分为哪 3 种规模,时间分别是多少(本题针对的是普通机柜)?

答案:500 个机柜的建设周期为 20 天,800 个机柜的建设周期一般为 25 天,1000 个机柜的建设周期一般为 30 天。

(29) 进场布线前,是否有必要对机房整体布线环境进行一次勘察?

答案:有必要,确保布线顺利进行,遇到问题及时反馈给客户。

(30) 机房卫生打扫一般包括哪些范围?

答案:楼道、走线架、机柜架顶、机柜内、机房地面、地箱子、库房。

(31) 内网核心对应的四色标签颜色是什么?

答案:红、蓝、黄、绿。

(32) AOC 服务器端标签粘贴位置在哪里?

答案：距离 AOC 模块末端 4 个手指宽度处。

（33）服务器线缆标签的基本定义是什么？

答案：标签正面为服务器机架位，反面为 TOR 机架位/端口。

（34）MDF 汇聚线缆标签的定义是什么？

答案：标签正面为 TOR 机架位/端口，标签反面为 MDF 成端位置。

（35）光缆标签的定义是什么？

答案：A 机柜～B 机柜♯第几根。

（36）特殊布线线缆标签的定义是什么？

答案：A 机柜～B 机柜♯第几根。

（37）特殊布线用什么颜色的标签？

答案：白色。

（38）竣工资料包含哪些资料？

答案：机架位表、服务器标签资源表、光纤资源表、MDF 表、特殊布线资源表、塑封表、测试数据。

（39）从 A 机柜到 B 机柜既有单模光缆又有多模光缆，那么在光缆资源表中光缆是按照单、多模分开编号还是一起编号？

答案：一起编号，光缆编号不分单、多模。

（40）光缆用什么颜色的标签？

答案：白色。

（41）架顶光缆余线怎样处理？

答案：不能直接盘在机柜上。打一个 U 型弯布放在架顶走线槽内，U 型弯末端弧度不能太小。

（42）MDF 配线架＋MDF 汇聚交换机奇数端口标签是什么颜色？偶数端口标签是什么颜色？

答案：奇数端口标签是蓝色，偶数端口标签是绿色。

（43）MDF 机柜成端，先成端 MDF 端还是 TOR 端？

答案：先成端 MDF 机柜端，然后绑扎走线架，最后成端 TOR 端。

（44）白色机柜的奇偶机架位标签分别是什么颜色？

答案：奇数机架位标签是蓝色，偶数机架位标签是绿色。

（45）黑色机柜的奇偶机架位标签分别是什么颜色？

答案：奇数机架位标签是灰白色，偶数机架位标签是白色。

（46）ODF 机柜成端，先成端核心 ODF 机柜还是列头机柜？

答案：先成端核心 ODF 机柜，然后绑扎走线架，最后成端列头机柜。

（47）从架顶到机柜内的线缆绑扎有哪些要求？

答案：强弱电分离。从架顶到机柜内垂直走线，不能拉斜线。所有进出一个机柜的线缆最后统一魔术绑扎处理。

（48）多模光链路测试要求衰耗不能大于多少？单模光链路测试要求衰耗不能大于多少？

答案：多模要求不能大于 1）4 dB，单模要求不能大于 2 dB。

（49）光链路全程指的是从哪里到哪里？

答案：从 TOR 处的尾纤到核心交换机处的尾纤。

（50）同一机柜既有 ODF 成端又有 MDF 成端，上下成端位置如何安排？

答案：上侧成端 ODF，下侧成端 MDF。

（51）捋线器线缆如何绑扎？

答案：要求用两个绑扎带绑扎线缆，确保线缆与端口垂直。

（52）机架位绑扎前需要考虑哪些问题？

答案：第一，首先检查机架位位置是否正确；第二，确定是左侧绑扎还是右侧绑扎；第三，服务器端预留长度是多少；第四，使用多长的 AOC 线缆。

（53）强弱电距离要求不能小于多少厘米？

答案：不能小于 5 厘米。

（54）机房布线时在机柜内、架顶、走线架等地方是否可以斜拉走线？

答案：不可以，任何地方都不可以。

（55）机柜内服务器余长线缆的长度一般不少于多少厘米？

答案：不少于 60 厘米，一般要求侧立柱绑扎完毕后余长线缆可以到达反向机柜门的边缘处。

（56）MDF 汇聚交换机余长线缆是否可以堆放在汇聚交换机上面？

答案：不可以，管理网汇聚交换机余长线缆需要藏在机柜立柱两侧，不可以堆放在汇聚交换机上，以免影响汇聚交换机上下架。

（57）机柜内备线如何预留长度？如何绑扎？备线绑扎一般要求绑扎几个绑扎带？

答案：预留长度需要满足机柜内所有机架位要求。备线最后需要绑扎成 1 捆，要求绑扎 3 个绑扎带，绑扎好后放在机柜架顶处，要求不能影响机柜内所有服务器的上下架。

（58）进出机柜的尾纤一般做什么处理？

答案：增加缠绕管。

（59）TOR 前端标签如何张贴？

答案：标签分两层张贴，下层为奇数端口标签，上层为偶数端口标签，奇数端口用蓝色标签，偶数端口用绿色标签。

（60）AOC 服务器标签如何张贴？

答案：一般粘贴在距离模块四手指位置处，要求每个机柜内尾纤标签的方向一致。其中，奇数机架位用蓝色标签，偶数机架位用绿色标签。

（61）MDF 标签如何粘贴？

答案：标签粘贴不分层，但是分奇偶端口（用颜色区分），其中，奇数端口用蓝色标签，偶数端口用绿色标签。MDF 配线架线缆上的标签也是如此粘贴。

（62）ODF 标签如何粘贴？

答案：标签按照 TOR 端口分类颜色进行粘贴，且粘贴在距离尾纤头 1～2 cm 处，所有尾纤标签一律向右平行延展粘贴。

（63）线缆到货，必须抽测线缆的什么参数？

答案：光缆的极性（尾纤的极性）。

（64）10 GB 预端接光缆是公头还是母头？

答案：母头。

（65）40 GB 预端接光缆是公头还是母头？

答案：公头。

（66）40 GB 尾纤是公头还是母头？

答案：母头。

（67）10 GB LC 扇出模块分 A 模块和 B 模块，A 模块放在哪端，B 模块放在哪端？

答案：A 模块放在相对核心端，B 模块放在相对非核心端。

（68）常见尾纤接头分几种？

答案：FC、LC、SC、ST。

（69）线缆采购中一般对单模尾纤有什么要求？

答案：要求尾纤头可拆卸。

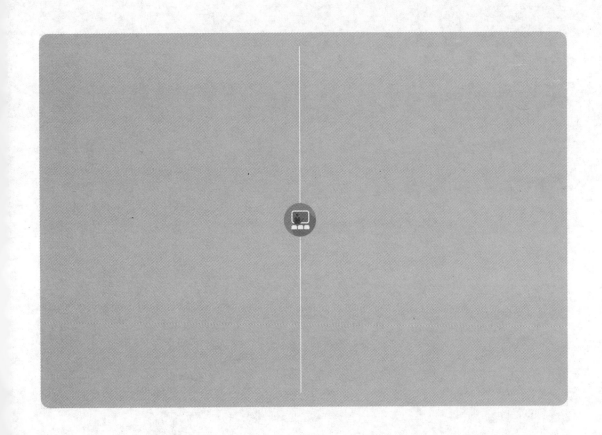

第 10 章　交付工作须知

学习本章内容,可以获取的知识:

- 设备交付管理规定
- 掌握进出机房管理规定
- 掌握机房红线
- 掌握交付安全管理规定

本章重点:

△ 机房红线
△ 交付安全管理规定

10.1　IDC 机房管理规定

1. 进出数据中心管理规定

(1) 所有进入数据中心的人员需依据 IDC 人员进出流程办理申请手续和备案。

(2) 所有进入数据中心的人员需按照各数据中心运营商或管理方要求出示有效身份证件和工作证件,按照要求进行登记并办理权限卡。

(3) 所有进出数据中心的人员需佩戴权限卡,凭权限卡进出。

(4) 所有进出数据中心的人员进出相应通道后必须确认门磁已吸合,确保无人员尾随入出室,禁止任何持权限卡人员违反规定带领无权限卡人员入室。

(5) 所有进出数据中心的人员需向保安人员出示权限卡,并配合保安人员进行相关检查。

2. 现场操作管理规定

(1) 访问者的工作范围局限于发放权限的物理空间,未经机房管理方授权不得碰触工作范围外的设施。

(2) 进入主机房前必须按照各数据中心运营商或管理方要求穿鞋套。

(3) 严禁私自布线。任何形式的布线都需要得到机房管理方的授权。

(4) 机房门、机柜通道门随手关闭。机柜后门在非操作状态时需要保持关闭状态。

(5) 机柜内硬件设备用电只能使用本机柜的供电,未经机房管理方授权时严禁从其他机柜取电。

（6）测试所需设备（包括但不限于笔记本、显示器、仪器、仪表、工具、照明灯等）时，严禁从机柜上取电。机房内提供测试电源（墙插）给这些设备，可通过接线板来扩大供电范围。

（7）给硬件设备加电时需要确保硬件设备的插头与机柜内 PDU 插口的连接正确、稳固。

3. 安全管理规定

（1）严禁吸烟、使用烟火，交付人员不得私自接电源、拉电线，严禁乱动电闸和消防器材。

（2）严禁携带及存放水、食品、易燃品、易爆品、毒性物品、腐蚀性物品及其他任何形式的危险品。

（3）所有进入数据中心的人员均须按照各数据中心运营商或管理方要求在入室前穿鞋套，离开机房再次进入时需要更换鞋套。严禁带各种纸质包装及其他易燃物品进入机房。

（4）严禁未经许可擅自触碰、操作数据中心内的任何设备。

（5）严禁在机房和库房内存放纸张、包装箱、塑料袋等物品。严禁外来人员携带照相机、摄像机、具备拍照和摄像功能的移动通信设备等进入数据中心。外来人员携带了以上物品时，需在前台进行登记、存放。原则上所有人员严禁携带背包、箱子等附属物进入数据中心。员工或运维外包人员因工作需要确需携带的，须在进出数据中心前配合保安做相关检查；必要时，须对相关物品进行登记。

（6）严禁未经机房管理方授权在机房内拍照、拍摄以及其他任何形式的记录。

（7）进出机房时需将门关严，严禁将机房门虚掩或用物体卡住机房门。

（8）紧急逃生时，沿疏散指示逃离机房。紧急逃生时，若无法打开机房门，击碎门旁的"释放紧急击碎按钮"。

（9）机房内均采用气体灭火，当报警器发出声音报警或灯光报警时，机房内的人员需要在 30 秒内撤离。

4. 交付安全管理规定

（1）所有最终需带离机房的交付施工工具或设备，都必须在值班室登记。

（2）交付人员只可在审批通过的区域活动，不得进入审批未通过的区域。

（3）机房内不得使用切割工具、电焊机、砂轮机、电钻等。

（4）交付理线所产生的废料需随手放置于机房提供的废料箱内，不得遗留于机房的任何位置上。

（5）交付完工时需清理现场，通过检查后方可办理离场手续。

（6）交付施工工具或设备带出机房时，在值班室工作人员确认无误后方可办理离场手续。

10.2　IDC 机房红线

（1）严禁执行无工单的任何操作。

（2）严禁执行非自有交付设备的操作。

（3）操作前必须核实以下 6 项信息是否与工单全部一致：机房包间号、机柜前（后）门编号、位置号、SN 号、Aliid 号、机型型号。

（4）严禁操作、触碰工单外的其他任何设备、任何电源线、网线、光纤。

（5）关机操作、断电操作只能由最终用户的驻场工程师执行。

（6）必须第一时间将故障磁盘交还最终用户的驻场工程师进行登记和 SN 的核实。

（7）故障备件与新备件的参数不一致时禁止更换。

（8）设备临时加电、临时设备加电只允许使用市电，禁止使用机柜 UPS（PDU 空开）电。

（9）服务器交付时，严禁触碰任何非服务器设备，如 1U 交换机、大型核心交换机、网线/光纤配线架、电力柜。

（10）严禁私自以任何方式登录到操作系统（包括无盘系统）操作任何命令（包括信息查看）。

10.3 交付着装要求

（1）交付团队自有人员按区域统一发放工服，到场交付人员应穿工服，如图 10-1 所示。

图 10-1

（2）交付团队统一发放工牌（见图 10-2），到场交付人员应佩戴工牌。

图 10-2

 本章练习

1. 公司领导突然想进客户机房参观，该如何操作？

2. 交付时带背包进机房可以吗？

3. 交付操作前必须核实设备的哪些信息是否与工单信息一致？

4. 现场交付人员在操作时应注意哪些事项？

第11章 标准服务器交付

学习本章内容，可以获取的知识：
- 交付流程
- 测电技巧
- 电源线绑扎标准工艺

本章重点：
△ 服务器测电
△ 电源线绑扎

11.1 标准服务器交付流程

标准服务器交付流程示意图如图 11-1 所示。

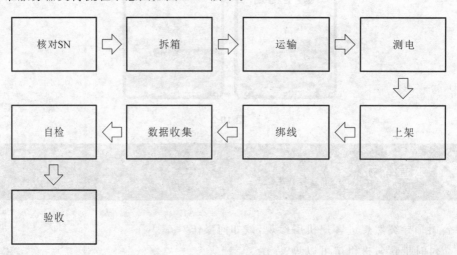

图 11-1

11.2 标准服务器交付步骤解析

11.2.1 测电

测电时使用市电,检查服务器电源模块是否正常供电、服务器是否正常启动。如出现故障,需要及时通知相关人员进行处理。

11.2.1.1 测电方法

(1)利用外部市电或者测试电源测试新到货服务器电源,防止由于设备电源故障导致整排机架断电。

(2)使用测试电源进行测电(不低于 3 分钟)。

① 首先插双路电,查看电源灯是否点亮、是否正常启动。

② 拔掉 A 路电,查看是否正常运行。

③ 插上 A 路电后,拔掉 B 路电,查看是否正常运行,A、B 路电的切换时间不小于 5 秒。

(3)拔掉电源模块,确认电源指示灯顺序是否与电源模块顺序一致。

(4)必须检测每台服务器的两个电源模块。

(5)遇到故障时,交换电源模块来确认是电源故障还是主板故障。

(6)测电过程中,每更换一路电,均需关注风扇、指示灯是否正常。

11.2.1.2 Mylar 片安装要求

1.到货检查

服务器随箱带 2 个 Mylar 片,应检查 Mylar 片数量是否正确。

2.Mylar 片安装

服务器上机架后,统一贴 Mylar 片。Mylar 片的易脱胶部分贴在服务器挂耳侧面,剩余部分伸出挂耳侧面。Mylar 片高度与侧耳平齐,在深度方向伸出挂耳面 30 mm。

11.2.2 上架

根据机房给出的机架位进行服务器上架操作,该操作需要两个人配合完成。服务器上架到指定机架位,服务器推到位,服务器 SN 与实际机架位对应。

上架完成后,需要根据服务器与机架位对应关系进行核对,确保服务器上架位置准确。

11.2.3 电源线绑扎

根据机房要求进行电源线绑扎,分清 A、B 路(左 A 右 B)。如果机柜内存在已上线服务器,电源线绑扎时禁止对所有在线服务器线缆进行操作,避免断电现象。

网络线缆连接要根据线缆上标签进行,对连接完毕的线缆需要整理美观。

11.2.3.1 电源线绑扎流程

(1)服务器上架后,将服务器从前面向机架位内推到底,再将服务器向前推 8～10 cm,预留出电源线绑扎空间,如图 11-2 所示。

图 11-2

（2）将电源线全部插在 PDU 上，在电源线两端粘贴已书写好的电源线标签，如图 11-3 所示。

图 11-3

（3）测量服务器端电源线预留长度。电源线预留长度以机架内两个 PDU 之间的距离为标准（一般为 60 cm 左右），如图 11-4 所示。左右两路电源线预留同样的长度。

图 11-4

（4）预留长度确定后，将服务器侧电源线用扎带固定在机柜挂孔上，如图 11-5 所示。

图 11-5

（5）将电源线捋顺，合束，固定在机柜理线槽中，如图 11-6 所示。

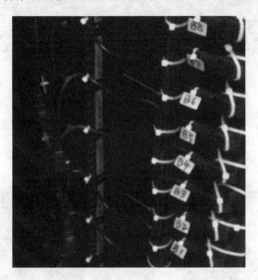

图 11-6

（6）固定每个机架位对应 PDU 端电源线，电源线弯曲弧度需保持一致，如图 11-7 所示。

图 11-7

（7）将电源线尾部捋顺，绑扎成束，放在机柜最下面，用扎带固定在机柜挂孔，如图 11-8
所示。

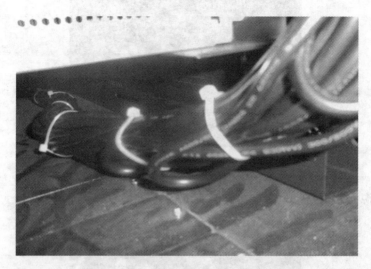

图 11-8

（8）将电源线插到服务器上，如图 11-9 所示。将多余的电源线收纳至服务器侧面与机
柜的间隙中。

图 11-9

（9）粘贴电源线标签。

标签命名规则：标签名称由字母和数字组成，字母在前数字在后，数字均为两位数。遵
循"左 A 右 B，上 A 下 B"原则。

例如：A01—A07，B01—B07。

11.2.3.2　理线要求

1. 理线安全注意事项

（1）理线时不能触碰本机柜内已上线的服务器设备。

（2）理线时不能触碰本机柜内已上线的服务器电源线缆、网络线缆。

（3）理线时不能触碰本次交付工单外的任何设备、线缆。

2.网络线缆理线要求

（1）网络铜缆、AOC 线缆理线时不能对折，不能生拉硬拽。

（2）网络铜缆、AOC 线缆理线时与本服务器及本机柜内其他服务器的电源线不应有直接的交叉，应互不干涉。

（3）网络铜缆、AOC 线缆理线时与本机柜内其他服务器的网络铜缆、AOC 线缆不应有直接的交叉，应互不干涉。

（4）网络铜缆、AOC 线缆理线时应注意布放位置，不应影响电源模块的安装及拆卸。

（5）网络铜缆、AOC 线缆理线时如需剪开或解开原有扎带，应小心谨慎，避免伤到线缆。

（6）AOC 线缆理线时如需要绑扎，应使用纤维扎带固定。

（7）插线时应先核对铜缆、AOC 线缆标签，以免造成插错位置的交付事故。

（8）插线完成后应自检。

3.电源线缆理线要求

（1）网络线连接完毕后方可进行电源线连接。

（2）插线时应先核对电源线缆标签，以免造成插错位置的交付事故。

（3）电源线理线时与本服务器及本机柜内其他服务器的网络铜缆、AOC 线缆不应有直接的交叉，应互不干涉。

（4）电源线理线时与本机柜内其他服务器的电源线不应有直接的交叉，应互不干涉。

（5）连接完毕后应确保服务器端插头完全插牢，避免插头虚接导致服务器掉电。

（6）电源模块如自带绑线，应将绑线与电源线固定。

11.2.4 数据采集

根据服务器机架位对所有上架服务器进行扫码采集数据，采集完毕后导出数据，制作机架位与服务器 SN 对应关系表。

11.2.5 服务器自检

（1）检查电源线的绑扎规格是否一致，确保现场无残留废弃物。

（2）检查服务器上架位置是否准确，确保所有服务器已经安装到位。

（3）检查线缆是否全部连接，确保线缆连接正确。

（4）清理机房，检查交付区环境卫生。

11.2.6 服务器加电、验收

（1）服务器线缆连接完毕后，通知运维人员进行加电，运维人员及交付人员在场方可进行加电。

（2）加电完成后对服务器进行开机软检（通过系统查看服务器套餐及服务器运行状态）。

（3）所有工作结束后通知运维人员进行验收，验收时需要我司人员全程陪同，出现问题及时改正。

（4）交付工作结束且验收合格后，签收服务验收单。

服务器软检流程(以某品牌服务器 BIOS 软检为例)如下所述。

（1）机器正式上电之后，开机时按 F2 或 Delete 键进入 BIOS 界面。

（2）进入 BIOS 界面后，在 BIOS 首页可查看到 BIOS 的版本信息及内存值，如图 11-10 所示，BIOS 的版本信息为 5.009，内存值为 8192 MB。

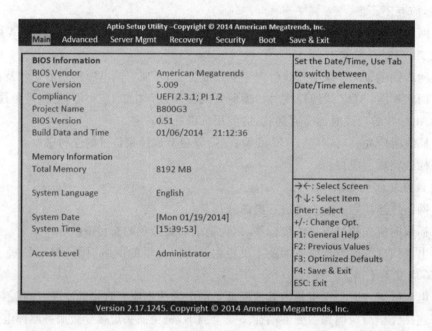

图 11-10

（3）选择 Advanced(高级设置)，查看此服务器的 CPU 及内存设置，如图 11-11 所示。

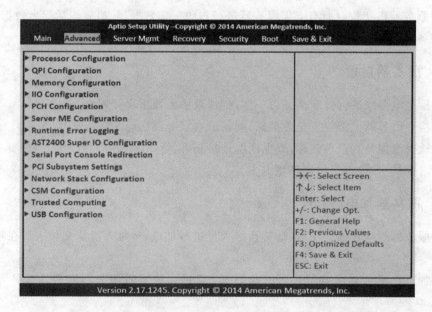

图 11-11

（4）从打开的 Processor Configuration 菜单（见图 11-12），我们可以看到本服务器有两个（Processor0 Version 和 Processor1 Version）型号为 Intel（R）Xeon（R）E5-2697 v3 的 CPU。

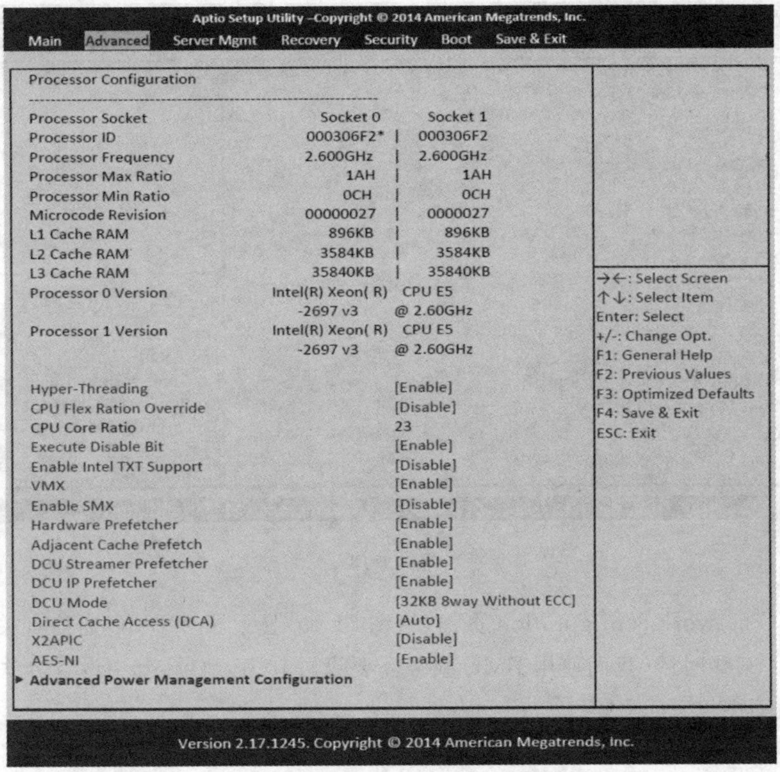

图 11-12

（5）从 Memory Configuration 菜单打开的界面（见图 11-13）上我们可以看到和内存有关的设置项。

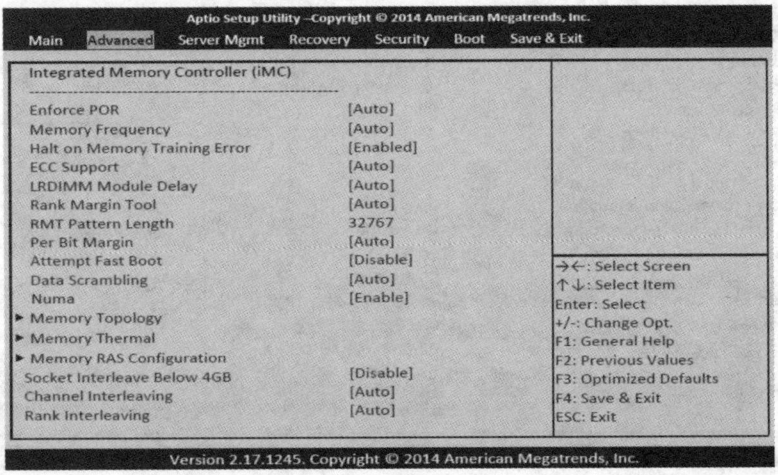

图 11-13

　　（6）在服务器管理（Server Mgmt）页面（见图 11-14），可查看到具体的 BMC 版本信息、FRU 信息视图（View FRU information）、内有机器的 SN 等信息。

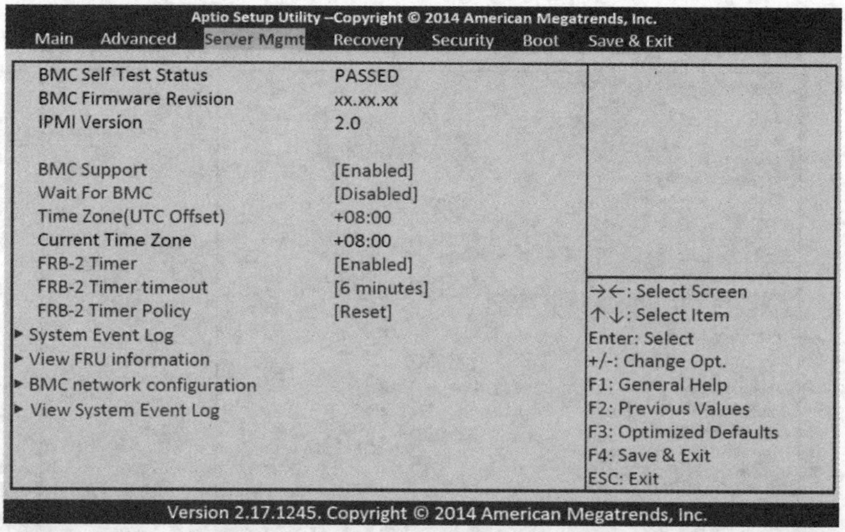

```
              Aptio Setup Utility —Copyright © 2014 American Megatrends, Inc.
   Main    Advanced   Server Mgmt   Recovery   Security   Boot   Save & Exit

   BMC Self Test Status              PASSED
   BMC Firmware Revision             xx.xx.xx
   IPMI Version                      2.0

   BMC Support                       [Enabled]
   Wait For BMC                      [Disabled]
   Time Zone(UTC Offset)             +08:00
   Current Time Zone                 +08:00
   FRB-2 Timer                       [Enabled]
   FRB-2 Timer timeout               [6 minutes]          →←: Select Screen
   FRB-2 Timer Policy                [Reset]              ↑↓: Select Item
 ▶ System Event Log                                       Enter: Select
 ▶ View FRU information                                   +/-: Change Opt.
 ▶ BMC network configuration                              F1: General Help
 ▶ View System Event Log                                  F2: Previous Values
                                                          F3: Optimized Defaults
                                                          F4: Save & Exit
                                                          ESC: Exit

              Version 2.17.1245. Copyright © 2014 American Megatrends, Inc.
```

图 11-14

　　（7）BMC network configuration 页面（见图 11-15）显示了和 BMC 通信有关的网卡信息以及设置项。某些时候，我们使用 BMC 服务需要设置其 IP 地址，其中设置方法之一就是在BIOS 的此页面中设置。

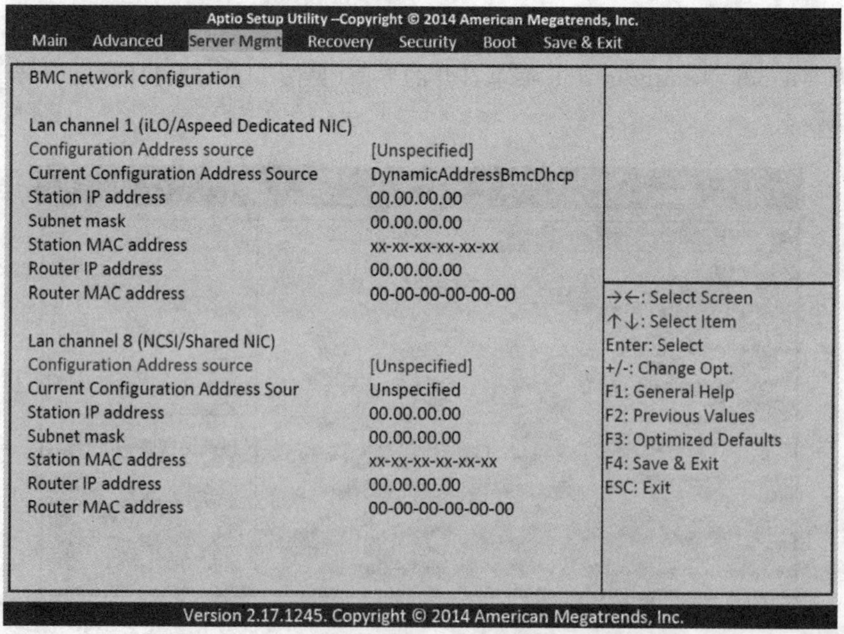

```
              Aptio Setup Utility —Copyright © 2014 American Megatrends, Inc.
   Main    Advanced   Server Mgmt   Recovery   Security   Boot   Save & Exit

   BMC network configuration

   Lan channel 1 (iLO/Aspeed Dedicated NIC)
   Configuration Address source      [Unspecified]
   Current Configuration Address Source   DynamicAddressBmcDhcp
   Station IP address                00.00.00.00
   Subnet mask                       00.00.00.00
   Station MAC address               xx-xx-xx-xx-xx-xx
   Router IP address                 00.00.00.00
   Router MAC address                00-00-00-00-00-00     →←: Select Screen
                                                           ↑↓: Select Item
   Lan channel 8 (NCSI/Shared NIC)                         Enter: Select
   Configuration Address source      [Unspecified]         +/-: Change Opt.
   Current Configuration Address Sour   Unspecified         F1: General Help
   Station IP address                00.00.00.00           F2: Previous Values
   Subnet mask                       00.00.00.00           F3: Optimized Defaults
   Station MAC address               xx-xx-xx-xx-xx-xx     F4: Save & Exit
   Router IP address                 00.00.00.00           ESC: Exit
   Router MAC address                00-00-00-00-00-00

              Version 2.17.1245. Copyright © 2014 American Megatrends, Inc.
```

图 11-15

（8）在 Boot 选项页面（见图 11-16），我们可以查看设备的启动循序信息，可以核对硬盘的数量、品牌、型号。

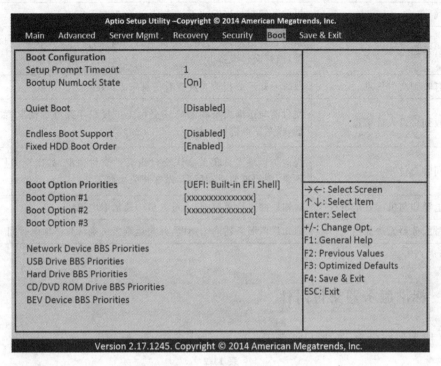

图 11-16

11.3 标准服务器交付工具

常用的标准服务器交付工具如图 11-17 所示。

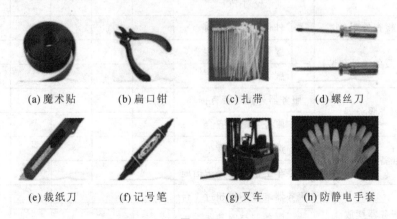

| (a) 魔术贴 | (b) 扁口钳 | (c) 扎带 | (d) 螺丝刀 |

| (e) 裁纸刀 | (f) 记号笔 | (g) 叉车 | (h) 防静电手套 |

图 11-17

11.4 标准服务器交付注意事项

标准服务器交付注意事项如表 11-1 所示。

表 11-1

交 付 风 险	解 决 措 施
雨雪天气	提前了解交付当天的天气情况,避免雨雪天气施工
物流到货延迟	索要物流信息,实时跟进物流信息,并将物流信息反馈给现场运维人员,做好交付准备
机房没有收到交付信息	及时通知厂商相关人员查看信息录入情况
机房未收到交付人员信息	交付前与运维人员联系确认交付人员授权手续办理情况,如尚未办理,联系厂商进行办理
多厂商同时交付	提前与运维人员联系确认交付当天的交付情况,如出现多厂商交付现象,需要提前通知厂商,做好相关协调工作
服务器电源线与机房要求不符	通知厂商进行更换,与运维人员沟通借取电源线
当日交付服务器无法加电	通知厂商服务器尚未加电,并与运维人员确认具体加电时间

11.5 标准服务器交付附件

（1）服务器交付表,如表 11-2 所示。

表 11-2

标准服务器交付 check list								
操作项目	工 序	工 作 内 容	工作开始时间	工作完成时间	工作所用人力	完成情况	存在问题	改良意见
核对信息	核对信息	校对 SU						
		校对 PO						
	检查外观	外包装是否破损						
拆箱	拆除服务器外包装	服务器纸质包装						
		服务器塑料包装						
	检查服务器	服务器外观是否有损坏						
		服务器配件齐全						
运输	准备小推车	选择无损坏推车						
		在推车上铺设软保护措施						
	服务器摆放	服务器堆叠不得超过 4 台						
		服务器与服务器之间需要隔板						
	服务器运输	需要两人前后运输(前送后扶)						
测电	采用单双单测电方式	查看电源模块						
		查看服务器是否正常启动						

续表

标准服务器交付 check list								
操作项目	工　序	工 作 内 容	工作开始时间	工作完成时间	工作所用人力	完成情况	存在问题	改良意见
上架	标写机架位对应关系	按现场要求进行标写						
	按数据对应关系进行上架	服务器放在指定机架位上						
绑线	按照要求捆绑电源线	电源线捆绑在机柜上						
	粘贴电源标签	将电源标签贴在电源线上						
数据收集	收集服务器数据信息	逐台对服务器进行扫码收集数据						
		制作服务器对应关系表						
核对信息	核对信息	校对 SU						
		校对 PO						
	检查外观	外包装是否破损						
自检	检查机房卫生	检查工作区是否存在工作垃圾						
	电源线绑扎规格	检查电源线绑扎是否合格						
	服务器安装位置	检查服务器上架位置是否正确						
验收	检查服务器上架位置	协助运维人员验收						
	检查线缆绑扎工艺水平	协助运维人员验收						
	加电	查看服务器开机状况						
	签订验收单	check list	check list 及验收单需要在交付工作完成后第二个工作日上传 wedo					
		验收单存单						
投入人力			投入时间		工作总量		工作效率	
			小时					
项目负责人签字								

（2）交付服务验收单，如表 11-3 所示。

表 11-3

交付服务验收单				
PO	产品型号	数量(nodes)	地　址	收 货 人

联系人：_____　　联系电话：_____　　传真：_____

安装通过标准：

（1）服务器能够正常启动，无报错和错误信息。（　　）

（2）绑线符合机房标准。（　　）

（3）服务器测电时无电源故障问题。（　　）

（4）上架工作已完成，并且机房验收合格。（　　）

· **客户意见和建议：**

客户签字：_____（单位盖章）　　日期：_____

工程师签字：_____　　日期：_____

本章练习

1.简述服务器交付时需要注意的问题。

2.服务器测电应该使用什么方法？测电时应该注意哪些要点？

3.服务器上架后，电源线的绑扎流程是什么？

第12章　RACK 交付

学习本章内容,可以获取的知识:

• 掌握 RACK 交付流程

本章重点:

△ 到货核对验收要求

△ 卸货及拆箱要求

△ 运输要求

△ 并柜要求

12.1　RACK 交付流程

RACK 交付流程如图 12-1 所示,本章重点介绍图 12-1 中标注下划线的交付工序。

图 12-1

12.2　RACK 交付步骤解析

12.2.1　到货检验要求

(1)检查 RACK 在货车中的摆放是否整齐牢固。

(2)检查机柜的 4 个面是否存在破损现象。

（3）检查机柜自带电缆线及工业连接器的外观是否存在破损现象。

（4）核对机柜信息 PO、SN。

（5）如上述几点发生异常需拍照记录并反馈给厂商,等厂商工程师给出处理方案后再进行下一步工作。

12.2.2 卸货及拆栈板

（1）当没有卸货平台或者卸货平台与货车之间有台阶(3 cm)不能满足手动叉车转运时,需要物流司机联系叉车进行卸货。

（2）在物流公司使用叉车卸货的过程中,必须进行过程监控(防止机器摔落)、过程拍照。

12.2.3 拆箱运输

（1）检查 RACK 到货数量,确认 RACK 到货数量无误。

（2）逐台检查机柜外包装是否损坏,四面都要仔细检查。

> 注意：
> ① 大风、雨、雪天气禁止进行操作。
> ② 工作空间不足,合理利用人力资源。
> ③ 若数量不对或机柜外包装有损坏,及时通知相关负责人并拍照记录,未确定机柜无问题前拒绝签收物流单。
> ④ 用裁纸刀开箱时注意不要伤到机柜内电缆。

（3）去掉 RACK 外包装(缠绕膜、纸箱),卸掉 RACK 固定在栈板上的螺丝(前后各两个),机柜立柱升到最高点(见图 12-2),斜坡与栈板固定紧密,缓慢将机柜推下栈板。机柜下栈板时不可过快,且机柜前后各需要两人。

机柜立柱

图 12-2

（4）铺设机房地面保护(铺设拆包区——测电区——机房路径保护,做保护前进行机房情况检查,并拍照留证)。机柜运输至测电区指定地方,工业连接器可以与测试电源连接为最佳。运输时禁止推拉风扇面板。

12.2.4 测电及并柜

(1)用万用表测试机柜内电源是否存在短路现象。

(2)将 RACK 端工业连接器工头与机柜 A、B 路连接,测试顺序为双→单→单,确保机柜工业连接器与机房插头插紧,没有松动现象。

(3)检查机柜内服务器的运行状态,观察服务器电源、风扇、指示灯的状态,查看指示灯是否亮红灯,若出现节点报错问题,及时通知现场工程师进行维修,并记录相关信息。

(4)查看每台机柜的位置是否与机柜分布图一一对应,然后将整个机柜运输到指定位置,注意运输过程中遇到的门、墙面、拐角,避免磕碰。

(5)摆放机柜,确保机柜前后对齐,机柜之间的间隙不得超过 10 mm,调节机柜支撑脚,确保 4 个滚轮离开地面,机柜前后上下对齐为最佳,如图 12-3 所示。

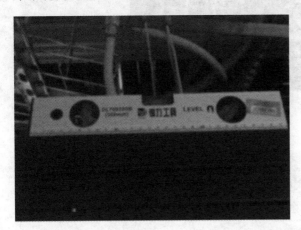

图 12-3

(6)使用工具安装并柜盖板、并柜件、上下挡风板,确保无遗漏,使用螺丝、螺母将地线连接到机房要求的位置(桥架或地面),要求地线固定牢固,无松动现象。地线两端连接螺丝必须拧紧,不得出现脱落现象。

12.2.5 交换机安装

(1)提前向运维人员索要交换机,避免耽误上架时间,拿到交换机后要认真检查交换机是否损坏,检查无误后再收取交换机,如交换机出现问题,及时联系运维人员更换。

(2)严格按照上架位置进行上架,上架位置较高时需两人协作上架。

(3)上架后将交换机后侧电源按照 A、B 路进行连接,注意分清 A、B 路并且插紧,确定交换机开关打开。

(4)将交换机用螺丝固定在 RACK 上。

(5)将交换机端线缆按照网线标签顺序插入交换机对应端口,注意按标签顺序进行连接,不可乱插或插错,如果出现插不进的情况,切忌使用蛮力。

(6)将交换机端线缆整理美观,多余线缆隐藏在理线槽内,确保线缆美观、无交叉、无冗余线缆外露，如图 12-4 所示。

图 12-4

12.2.6　收线及清理现场

（1）将机柜内线缆按照顺序插入交换机端口，不得出现插错现象。

（2）将端口线缆整理美观，将多余线缆巧妙地隐藏在理线槽内。

（3）粘贴标签。

（4）将交付时产生的所有垃圾全部清理干净，包括将机柜上的所有灰尘、鞋印擦除干净。

12.2.7　加电及调试

（1）将 RACK 工业连接器与机房电源进行连接。

（2）通知运维人员进行加电。

> **注意：**
> ① 确定 RACK A、B 路电源连接无误。
> ② 运维人员、电力人员同意加电后，三方人员同时在场时方能加电。
> ③ 不得对非当天交付机柜进行加电。
> ④ 若加电后出现报错，及时通知厂商。

（3）进入 RMC，设置机柜位置、Diag 测试。

12.2.8　数据收集及验收

按照顺序逐台采集 RACK 节点信息，根据扫描得来的信息制作机架位信息表（包含机柜配置信息、机柜运行状态信息、节点信息）。

> **注意：**
> 扫描时不得多扫、漏扫。按照机房提供的模板编辑机架位信息表。

12.2.9　RACK 交付附件

（1）项目前期准备，如表 12-1 所示。

表 12-1

项目前期准备				
序　号	组　　别	前期准备内容	准备情况	备　注
1	卸货组	准备叉车、地牛	已准备	物流准备
		考察卸货平台情况	已考察	
2	拆箱组	活口扳手、裁纸刀、电动螺丝刀、螺丝刀、套筒	已准备	
		检查外包装有无损坏、核对到货数量	待检查	
3	运输组	铺设地面保护	木板已准备	
		铺设电梯铁板	已准备	
4	测电组	准备万用表，检查测电区，与机房运维人员联系确认测电流程	已准备	
5	测温组	准备温度测试仪	已准备	
6	短通路测试组	准备万用表，与厂商沟通测试标准	已准备	
7	并柜组	准备并柜工具，确认并柜位置	工具已准备，位置未确定	
8	安装交换机组	准备安装工具，确定机架位	工具已准备，位置未确定	
9	理线组	准备理线工具，确定理线标准	工具已准备，标准未确定	
10	PDU 连接组	确认工业连接器 A、B 路以及连接方式	连接方式待确定	
11	安装地线组	确认地线连接方式	待确认	
12	数据收集组	准备电脑及扫码枪	已准备	
13	质检组	掌握交付规格标准	与运维人员沟通后进行确认	
14	故障处理组	准备相应备件	已准备	

（2）项目进度表，如图 12-5 所示。

项目进度表

序号	组　别	负责人	工作内容	计划开始时间	计划完成时间	实际开始时间	预计完成时间	实际完成时间	人数	备注
1	卸货组		将机柜从货车运至卸货区	9:00	10:30				2	
2	拆箱组		检查机柜包装并进行拆卸，拆卸下栈板螺丝	9:10	11:00				4	
3	运输组		铺设机房保护木板	8:30	9:00				6	
			将无包装的机柜运送至测电区指定位置	9:20	11:50				8	
			将测好电的机柜运至机房指定位置						4	
4	测电组		对机柜进行通电测试	9:40	12:00				2	
5	测温组		测试机柜内温度							
6	短通路测试组		测试机柜内电阻是否正常							
7	并柜组		释放机柜立柱	13:00	14:00				8	
			安装挡风板							
			安装并柜螺丝							
8	安装交换机组		安装交换机并固定	13:30	14:30				2	
9	理线组		交换机端插并进行理线	14:00	17:30				4	
10	PDU连接组		连接PDU工业连接器	13:00	14:00				8	
			固定工业连接器							
11	安装地线组		安装地线							
			固定机柜与接线板两端螺丝							
12	数据收集组		收集机柜信息(机柜父节点与子节点信息)	17:30	18:00				3	
13	质检组		跟进工作进度及检查工作质量	17:30	18:00				2	
14	故障处理组		处理故障机器	18:00					3	

图 12-5

（3）机柜配置信息，如图 12-6 所示。

机柜配置信息				
机型	ThinkServer DC5100			
机柜	VOV2G3-40A			
节点	V2G3M3-40A			
软件部分FW版本				
BIOS	B1.02			
BMC	V6.18			
RMC	02.25.05B			
硬件部分HW				
部件类别	型号	数量	备注	
主板	1395T2715402 A05	1*30		
CPU	Intel Xeon	2*30		
内存	Samsung 16G, HMA42GR7AFR4N-TF	12*30		
硬盘HDD	HGST, 3TB, SH20K09980	3*30		
硬盘SSD	SSDD0H54372	5*30		
交付机柜SN、Location				
600节点				
SN	机房	房间	机架	机位
YG0001JA-01	BJYZ	D242	4列15	1U
YG0001JA-02	BJYZ	D242	4列15	2U
YG0001JA-03	BJYZ	D242	4列15	3U
YG0001JA-04	BJYZ	D242	4列15	4U
YG0001JA-05	BJYZ	D242	4列15	5U
YG0001JA-06	BJYZ	D242	4列15	6U
YG0001JA-07	BJYZ	D242	4列15	7U

图 12-6

（4）交付效率，如图 12-7 所示。

服务器厂商	机型	百度RACK数量/柜	节点数量/台	总耗时/小时	人力投入/人数	效率/(节点/人时)	备注
联想	ThinkServer DC5100	20	600	20	21	28	
说明：							

详细数据记录：

联想厂商8月BJYZ百度亦庄机房交付效率

1. 8月1日顺利交付20个机柜；20小时完成（平均每台55分钟）；全部人员21人。
2. 开始时间：09:00
上电检测完成时间：8月1日
其中：8月1日16:45~19:20完成20个机柜到位固定，总共70分钟完成。
8月1日21:30完成所有机柜理线。
8月1日22:20完成所有机柜上电检测。

以下是具体步骤时间：由于很多步骤都是并行，下表为每步骤单独抓取时间。

NO	事项	具体	人员	1台实际时间/分钟	20台耗时
1	人员到齐		物流：3人 客服：0人 技术支持：售后1人	—	开始时间09:00
2	机柜卸到码头	整机柜从运输车辆运至机房码头	3人	5	14:30
3	拆包装	使用钳子、剪刀将木包装拆开，并架设卸货斜板	4人	10	14:30
4	拆固定支架，垫木	使用电动套筒、内六角工具将RACK与底座固定螺丝拆除；使用撬锤撬掉前后垫木；同时铺设机房木板	8人	5	14:40
5	机柜下栈板	按照斜板方向推动机柜，将机柜平稳沿斜板推下，将RACK移动至电梯口	8人	7	14:45
6	机柜到机房位置	将RACK推入电梯，移动到机房相应位置	8人	15	15:52
7	机柜固定	调整支撑柱，完成并柜及底座固定	8人	10	16:45
8	网线理线	把网线插到交换机上，并理线，绑扎及标签检查	5人	60	18:00
9	连接电源线与接地线	与机房桥架连接电源线及接地线	4人	10	21:30
10	上电检验	整机柜外观检验、RMC关机扫描、节点上电开机，RMC扫描节点	3人		21:45
11	检测调试	机柜链路检测，节点信息确认	3人		22:10
12	通电验收	上电检测及调试，透过RMC showsummary，扫整台RACK配置信息	3人		22:30
					结束时间：8月1日23:30

图 12-7

12.3 RACK 交付工具

常用的 RACK 交付工具如图 12-8 所示。

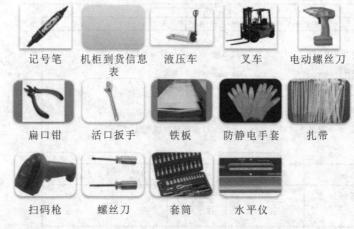

记号笔	机柜到货信息表	液压车	叉车	电动螺丝刀
扁口钳	活口扳手	铁板	防静电手套	扎带
扫码枪	螺丝刀	套筒	水平仪

图 12-8

本章练习

1. 简述 RACK 交付时需要注意的问题。

2. 简述 RACK 交付流程。

3. RACK 测电与并柜如何进行?